U0213651

文明を変えた植物たち：
コロンブスが遺した種子

改变近代文明的六种植物

〔日〕酒井伸雄 著

张蕊 译

重庆大学出版社

乐知文库

序言

在人们对地平线的彼岸还一无所知的时代，哥伦布
（Christopher Columbus）已经从巴罗斯港出发，一路向西。
这次航海不只是一次单纯的冒险家探险行动，哥伦布将其
称为一项伟大的事业，目的是前往亚洲，带回香料和黄金。
他将这个计划命名为"印度事业"，还与国王签订了契约，
以确保自己可以分得航海战利品，除此之外，国王还得保
障他与其家族成员的地位。也就是说，在国王的赞助支持
下，哥伦布的航海计划才得以实施。

在共计四次的航海中，由于意外发现了美洲大陆的存
在而没有去往计划中的亚洲，哥伦布没有达到他的预期。
直到 1506 年 5 月 20 日，哥伦布最终也未领悟到自己的行
为所蕴藏的真正价值，郁郁不得志，于西班牙巴利亚多利
德去世，终年 55 岁。哥伦布生平最大的成就是开拓了美洲
航线，开辟了新旧大陆间的交流之路。在他去世后，经历
了漫长的岁月，通过大陆之间的交流，社会慢慢地发生了
各种各样的变化，逐渐形成了现代社会。本书将从文化史

的观点出发，探索哥伦布的成就。

1492 年 10 月 12 日，乘坐"圣母玛利亚号"的哥伦布率领的三艘帆船在抵达加勒比海上的华特林岛（即现在的圣萨尔瓦多岛）之后，哥伦布便作为"新大陆"的发现者闻名于世。暂且撇开美洲大陆的原住民才是最先到达新大陆的人这一点不论，现有已发现的遗址表明，早在哥伦布发现新大陆之前 400 年，就已经有数十人在此建立过越冬基地，并生活了数年。

那是由古代斯堪的纳维亚人于 11 世纪抵达纽芬兰时建立的越冬基地，他们在当时是被基督教徒视作"野蛮残忍的异教徒"而畏惧的一群人，也就是现在我们耳熟能详的维京人。

近年来，关于"哥伦布是新大陆的发现者"的说法已销声匿迹，取而代之的是"哥伦布是第一个到达新大陆的人"，然而这种说法缺少事实根据。若以现有事实为基础，"第一个到达新大陆的人"这一头衔应该是属于古代斯堪的纳维亚人的荣誉，而非哥伦布。尽管如此，这并未对哥伦布的名声有丝毫的损碍，他的事迹被收录于各大传记当中，至今仍在发光发热。这究竟是为什么呢？

古代斯堪的纳维亚人在新大陆的渡航与停留，也仅仅留下了他们在新大陆的足迹而已，对之后的历史发展几乎没有造成任何影响。在学校的教科书或传记书籍中也没有收录古代斯堪的纳维亚人建立越冬基地的事迹，大部分人根本不知道有这回事。

哥伦布的名字与他的航海事迹之所以能够载入史册，是因为以航海为契机，欧洲大陆与新大陆之间的人们往来变得密切，大量的植物以各种各样的形式从新大陆传入欧洲，这些植物带来的利益构成了欧洲发展的基础，使得新的文明被构筑、被建立。就算哥伦布是第二个登陆新大陆的人，他的名字在历史长河中也具有举足轻重的意义。他的四次航海拉开了"新文明形成"的序幕。

新大陆原住民饲育的动物种类很少，食用肉类的来源仅有火鸡、鸭、食用犬。在安第斯高原，为了获取肉和毛皮，原住民也仅饲养了属骆驼科的美洲驼、羊驼，没有欧洲饲养的如牛、马、羊、猪等提供肉食的大型家畜。在新旧两个大陆之间开始交流以后，除了欧洲开始兴起饲养新的家禽——火鸡，原产于新大陆的动物给欧洲文明带去的影响可以说是微乎其微。

另外，真正给欧洲文明带去巨大影响、大力推动社会发展并创造出现代社会的其实是原产于新大陆的植物。要是没有从新大陆传入的那些植物，现代文明也好，饮食文化也罢，肯定会是和现在完全不同的另一种局面了。

去往新大陆的探险家和船员们将大量新大陆原产的植物带回了欧洲，或是因为稀奇，或是为了献给君王，又或是为了制作大学植物园栽培的标本。除了一传入欧洲就立即俘获人心的烟草之外，在传入之初，大部分植物仅作观赏用。随着时间的推移，有几种植物被认为是有用的植物，其价值不仅被欧洲社会所认可，还被传往了亚洲和非洲。事实证明，随着时代的发展，从新大陆传入的其中几种植物已经成为比弗朗西斯科·皮萨罗（Francisco Pizarro）征服印加帝国和埃尔南·科尔特斯（Hernán Cortés）征服阿兹特克帝国所掠夺的金银财宝还要有价值的东西了。

在原产于新大陆的植物中，马铃薯、红薯、玉米这三种植物，其巨大的单位面积产量，将一直处于饥饿恐慌中的人们解放出来，为人类的生存和人口的增加作出了巨大贡献。除此之外，辣椒、南瓜、番茄、扁豆、花生、向日葵（葵花籽榨油）、菠萝、腰果等，不仅有营养、味道好，还给人们的饮食形态带来了无穷的变化。

可可豆（巧克力的原材料）、糖胶树胶（口香糖的原材料）、烟草等嗜好品成为生活的调味剂，为喜爱它们的人带去心灵的慰藉，同时也发挥着人际交往润滑剂的作用。橡胶可以制成汽车、飞机的轮胎，或者作为电器的绝缘材料，要是没有它，我们不可能维持现在的生活水准。如果没有上述这些植物的话，可以断定，我们的文明、饮食文化会呈现出一个与现在截然不同的"姿态"，而那样的社会绝不会比现在的生活更加便捷、舒适。

本书甄选了原产于新大陆的植物当中，对社会贡献较大的马铃薯、橡胶、可可豆（巧克力）、辣椒、烟草、玉米这六种植物。书中也涉及了对这些植物各自的历史背景、它们如何与社会关联、如何为现代文明以及饮食文化作出贡献的相关研究与考察。

第一章将阐述随着欧洲诸国将马铃薯作为热量来源端上餐桌，人口便急剧增长，国力随之增强，马铃薯成为基督教文明支配世界的原动力的原委。

第二章将围绕着橡胶对现代文明作出的贡献概述两个重要的内容：一是欧洲大陆从发现橡胶一直到发明黑色轮胎的历史，二是橡胶的生产从原产地的亚马孙河完全转移至东南亚的来龙去脉。

鉴于笔者曾任职于明治制果公司，本书自然不会漏掉可可豆和巧克力。第三章将揭开巧克力在过去很长一段时间内被当作饮料，进而被制作成甜品，最后成为点心之王的历史秘密。在此基础上，我们将从现代科学的观点出发验证自阿兹特克时代开始，直到传入欧洲之后也一直被人们信赖的巧克力的药物疗效。

第四章主要讲述的是辣椒。辣椒早期迅速地融入亚洲、非洲，现在已不是单单作为香料，而是像日本的味噌、酱油一样，在各个地区作为一种基础调味料被广泛使用，成为我们饮食生活中不可或缺的存在。另外，在辣椒传入日本之前，日本人是不习惯香料类的刺激口味的。本章还深入考察了辣椒传入日本后诞生的辣味文化及其变迁过程。

由于人们健康意识的提高，在发达国家，烟草成了被严格追究的众矢之的。然而直到前几年，日本的电视上都还能看到"今天也充满活力，香烟提神好味道"的广告。在这里我们不去讨论吸烟行为的正负面。在第五章中，我们将探究在烟草登陆欧洲后，对欧洲社会造成的影响，烟草甚至还曾因为被视作万灵丹而得到高度评价。从新大陆原产的植物与文明这一视角出发，烟草虽然是嗜好品，但的确也是十分重要的存在。

于现代生活而言，吃肉是衡量生活富裕程度的标准之一。在当今时代，支撑着食用肉产业的是混合饲料，而玉米的使用比例占混合饲料整体的 50% 以上。在第六章中，我们讲述了玉米作为饲养家畜最重要且不可或缺的素材，不仅助力了欧美肉食文化的发展、改良了现代日本人的饮食形态，还被传入非洲、亚洲其他国家和地区，成为当地人的主食，极大地改善了粮食短缺的状况。

各位读者若是能够通过阅读本书了解以上六种植物如何深入人类社会，以及如何有效地支撑着现代社会并与我们的生活密不可分，笔者将荣幸之至。

目录

欧洲发展的原动力
——马铃薯

马铃薯的原产地在安第斯高原

◇◇◇◇◇◇◇◇◇◇◇◇◇◇◇◇◇◇◇◇

由马铃薯培育出的欧洲文明

　　继哥伦布之后登陆新大陆的人当中，也不乏有一些像一举消灭印加帝国的西班牙冒险家弗朗西斯科·皮萨罗，以及同样来自西班牙并征服了阿兹特克帝国的埃尔南·科尔特斯这样的人，他们在搜刮完金银财宝之后满载而归，但包括哥伦布在内，没有任何一个人将当时欧洲料理界梦寐以求的香料带回去。那是因为，除了辣椒和多香果[1]，新大陆并没有什么有价值的香料。不仅如此，辣椒因为只有强烈的辣味，没有怡人的香气，所以在经历了相当长的一段时间之后，辣椒才逐渐被欧洲人所接受，成为常用的香料。

　1　多香果即 Allspice，牙买加胡椒，产于牙买加、古巴等中南美洲国家，因其种子干燥后产生类似肉桂、丁香和肉豆蔻的混合香气，故称多香果。——译者注

在当时，伊斯兰教支配着地中海，所以尽管欧洲人希望通过哥伦布开拓的新大陆航线，让香料能够在由基督教所支配的地区流通，最终却没能实现，但是马铃薯却由此顺利地从新大陆传入欧洲，在经历了漫长的岁月后，最终极大地改变了欧洲人的饮食结构。

在同等面积的农田中，种植马铃薯所能收获的产量远远多于种植麦类作物。通过种植马铃薯可以弥补麦类作物作为主食的不足，这解救了所有长期饱受饥饿折磨的人们。只要保证粮食充足，人口定会有所增长，人口一增加，国力势必会随之增强。在此基础上，人口开始向粮食供给充足的城市聚拢，从而不断碰撞出新的思想。新的发明、新的见解陆续登场，社会文明随之不断发展壮大。于是欧洲实现了工业革命，粮食的充沛奠定了欧洲社会迅速发展壮大的根基。由此，马铃薯存在的重要性毋庸置疑。

当马铃薯作为食材被人们广泛接受以后，人们就不再去吃那些不适合做成面包、只能做成粥喝的大麦和燕麦了，转而把它们拿去饲喂家畜。甚至把长得不太好，或者吃不完剩下来的马铃薯也拿去喂养家畜。因此，就算是在大雪纷飞的冬天，也能够保证有足够家畜越冬的饲料。这样一来，人们就没有必要像以前那样，必须在秋末时节杀掉用于繁殖以外的所有家猪，将猪肉用盐腌渍储藏起来。人们在冬天也能养猪，也就是说，欧洲人随时都能吃到新鲜的肉了。马铃薯的出现让人们不用再去食用又臭又难吃的盐渍肉了，单就这一点而言，马铃薯作出的贡献比香料还要大。接下来，让我们进一步详细地探讨马铃薯培育出的社会文明。

原产地在安第斯山脉中

安第斯山脉位于秘鲁与玻利维亚之间，分为并行的东科迪勒拉山脉与西内格拉山脉。两条山脉之间隔着南北长 800 千米、东西最宽处达到 160 千米的阿尔蒂普拉诺高原。在这海拔 4 000 米左右的高原上，几乎没有树木，只有无尽的原野。这片荒凉的高原即是马铃薯的原产地。全球种植的马铃薯可以分为很多不同的品种，但在植物分类学上，它们都属于同一个种。另外，根据植物分类学，在这片原产地的高原上生长的马铃薯可以分为十个变种，若再进一步细分的话，能细分出三百多个品种。

直到公元前 3000 年，马铃薯一直都生长在这片土地上。在夏季，高原白天气温会上升到 20 摄氏度，夜里温度骤降至冰点，然而马铃薯在这种严峻的气候条件下也能产量颇丰。原住民开垦了山坡，将远处的河水引流至耕田中用以栽种马铃薯。在马铃薯成为原住民的主要热量来源后，即便是在这海拔约 4 000 米、其他谷类作物完全无法生存的高原上，原住民们也定居了下来。

原住民持续不断地对果实只有小拇指大的马铃薯进行品种改良，长此以往，终于产生了颜色、大小、口味、种植条件等皆不相同的多个品种。马铃薯在成为这个地区的主食，确保了人们的热量来源之后，也成为蒂瓦纳科文明、印加帝国等高度发达的文明陆续出现在安第斯高原的原动力。

就可食用部分而言，薯类作物本身就是埋在地底下生长的，所以相较于在地面上生长的谷类作物而言，更不容易受气候变化的影响，收获量相对恒定。而且比起谷类作物来，薯类更容易烹饪，非常适合作为自给自足的粮食。但另一方面，薯类作物通常含有大量水分，所以不利于长期保存，它们沉甸甸的质量使大量运输变得困难重重。若要获取相同的热量，你必须吃掉比谷物重 4 ~ 5 倍的马铃薯。综上所述，薯类作物要想成为主要的热量来源，就不得不正视以上这些相较于谷类作物而言的种种不利因素。

构建印加文明的马铃薯

被认为不适合发展农业的安第斯高原竟相继出现了蒂瓦纳科文明与印加文明。最先出现的蒂瓦纳科文明于 9—11 世纪迎来了最为繁荣的时期。后来在此兴盛的印加帝国，其领土范围于 15 世纪达到最大，在被来自西班牙的侵略者弗朗西斯科·皮萨罗消灭之前，这里曾发展出了高度的文明。

发展社会文明的必要条件是构建出一套完整的粮食生产与供给系统。就城市而言，即使不从事农业生产，只要保证粮食充足，人才就会涌入城市，城市才能兴起新的文明。构筑一套完整的食物生产与供应系统，才能提高粮食的运输、储存以及再分配的效率，国王、贵族、神职人员、学者、官员、技术人员等不从事农业而是从事脑力劳动的人才会聚集于此，共同推进新文明的发展进程。

薯类是分量又重又比谷物更容易腐败的食物，若要将它们大量运输至城市，集中处理再分散出去，这对于运输手段尚不发达的蒂瓦纳科与印加时代而言，无疑是个巨大的难题。回过头来综观世界历史，我们基本上找不到以薯类作物作为热量来源的地区发展出类似于国家体制的例子。除开蒂瓦纳科和印加文明，虽然散布在太平洋上的夏威夷、大溪地、汤加等小岛也建立了国家，但它们并没有发展出高度发达的文明。众所周知，美索不达米亚、古埃及、古印度以及中国这四大文明古国，依靠的是谷类作物作为其主要的热量来源。所以有人说，必须依赖薯类为主食的社会是无法发展出高度文明、形成先进国家体制的。

马铃薯是如何成为维持当地人生活的主食并且不适合栽种谷物的安第斯高原是如何发展出蒂瓦纳科与印加文明的

17世纪初绘制的印加时代栽种马铃薯的情形。左为插秧期，右为收获期。（Guaman Poma, *The First New Chronicle and Good Government*）

呢？虽然玉米是新大陆大部分原住民的主要热量来源，然而玉米在安第斯高原严寒的气候条件下无法生长，因此对安第斯居民来说，马铃薯是他们唯一的选择。他们巧妙地利用大自然，发明了独特的马铃薯处理方法，从而确保了充足的食物来源，创造出高度发达的文明。

有毒的野生薯类

薯类作物在今天已是非常普遍的食材，很难想象，在过去，几乎所有薯类都含有对人体有害的物质，必须去除其涩味后才能食用。当地居民经过长年累月的品种改良，成功降低了马铃薯的有害物质含量，又或是品种改良使去除涩味这一工序变得更容易，所以现代人在食用马铃薯时不用需要特别注意什么了。

为了应对旱季与寒冬，薯类作物将营养成分储存于生长在地下的部位。好不容易储存起来的养分要是被动物吃掉，那就无法繁衍后代了，所以大部分野生薯类都含有苦味成分和有毒物质，以防止被动物吃掉。假设有一只野猪掘出土里的薯类并将其吃下，马铃薯的毒素会让它中毒，使它产生痛苦的感觉，又或是马铃薯强烈的涩味让它感到恶心不适，那么这只野猪就再也不会靠近薯类了。

从薯类的角度来看，这是薯类作物为适应弱肉强食的世界而进化出的自保机制。为了防止被动物吃掉，除了日本野山药以外，大部分野生薯类要么味道不好，要么有毒，皆不能直接食用。

在可食用的薯类中，马铃薯算是人们最常吃的，并且有许多马铃薯的近亲品种至今仍然有毒。在对安第斯、亚马孙河流域非常了解的摄影师高野润的《安第斯饮食之旅》一书中，介绍了安第斯山地种植的接近原生种的马铃薯，就其强烈涩味有如下一段描述：

> 在安第斯，除了没有涩味的"丘纽""莫拉雅"（即 Chuño 和 Moraya，都是经过冷冻干燥处理的马铃薯）和硬质"丘纽"

（冷冻马铃薯）以外，被烹饪料理过的马铃薯在放置一段时间后就不能再食用了，只能被用来作为家畜的饲料。如果人们自己还要食用，则必须用油炸过或重新再煮一次。

由于安第斯的马铃薯本身含有鲜明的野生特性，其强烈的苦涩味会引起胃和其他内脏胀气，严重的时候会让人生不如死。

（引用部分的括号内为笔者注）

话说回来，并不是只有安第斯的马铃薯才含有有毒物质。现在超市、蔬菜店卖的马铃薯虽然都是经过改良的品种，但它们在受阳光照射后，表皮会变绿或发芽。变绿的表皮以及芽眼含有有毒的龙葵碱，十分涩口。龙葵碱中毒严重时甚至可能导致死亡。日本人一般没有一次性购入大量马铃薯储藏的习惯，所以很少发生龙葵碱中毒的事件。而且做菜的人都知道，处理马铃薯时，要将变绿的表皮部分削深一点，把发芽的地方剜掉。

利用气候条件制作马铃薯干

决定定居安第斯高原的原住民将马铃薯作为主要热量来源，构建了蒂瓦纳科与印加文明。马铃薯沉甸甸的质量给运输带来了很大负担，不能长期保存，还含有对人体有害的毒素，这些都是选择要将马铃薯作为主食的当地居民需要事先解决的问题。于是安第斯居民想出了一个利用恶劣气候的绝妙方法，一种叫作"丘纽"的马铃薯干便诞生了。

每年的4月到9月，位于南半球的安第斯便迎来冬季，进入干旱期。这个季节的特征之一是温差极大，昼夜温差可高于30摄氏度。白天，在太阳底下气温可攀升至20摄氏度左右，使人微微冒汗；可一到晚上，气温就会骤降至冰点以下。当地居民趁着在冬季，即昼夜温差最大的6月至7月制作丘纽。

制作丘纽时，需要先将马铃薯露天放置数日。冬天的夜晚寒冷至极，马铃薯会冻结成冰，待到白日来临，气温上升，马铃薯又随之解冻，被露天放置多日的马铃薯不断地重复冷冻、解冻、再冷冻、再解冻的过程，最终马铃薯变得非常松软多汁，只用手指轻轻按压，它的表皮就会裂开，里面的水分喷溢而出。接下来，当地居民用双脚踩压马铃薯，将其表皮踩破，让里面的水分都流出来。这个时候，马铃薯所含的有毒物质会随着水分一起流出，也就完成了去涩的工序。

当水分流失完毕，再将马铃薯露天放置数日，直至被太阳完全晒干，只剩下软木状的淀粉质被一层薄薄的马铃薯皮包覆着。这样制作出来的马铃薯干就被当地居民称作丘纽。新鲜马铃薯的水分含量为80%，假设丘纽和土豆泥的含水

量一样，皆为 7.5%，那么 1 千克的马铃薯就可以制作 215 克左右的丘纽，也就是说，丘纽的质量只占新鲜马铃薯的五分之一多一点。这样制作出来的用以提供热量的主食既不含有害物质，也便于储存，同时还方便运输。安第斯高原的居民用他们的智慧制作出丘纽这样的理想主食，从而构建出蒂瓦纳科与印加文明。

直至今日，安第斯居民也依然在冬季辛勤地制作着丘纽。烹饪时，将丘纽放到水中泡发后用水煮，或者蒸，还可以切碎后放进汤中食用。由于新鲜马铃薯和丘纽的口感完全不同，所以丘纽经常和烹煮的马铃薯作为不同的菜肴一起被端上餐桌。当地居民几乎每天都用"丘纽"制作出各种不同的料理，一直要吃到第二年再次收获马铃薯的 4、5 月份。

端上欧洲人餐桌的发展历程

横渡大西洋的马铃薯

在哥伦布共计四次的航海中，新大陆各种各样的植物和珍宝随之传入欧洲，但马铃薯却不在其列。正如笔者前文所述，当时，马铃薯仅集中种植于秘鲁和玻利维亚高原的部分地区而已。哥伦布在其四次航海中，仅涉足加勒比海的几个岛屿与中南美大陆沿岸，所以哥伦布的航行轨迹与马铃薯的种植地一直像两条平行线般没有交点。

1531 年，弗朗西斯科·皮萨罗率领仅 180 余人的军队发动奇袭进攻，一举消灭了印加帝国。皮萨罗的军队尽其所能，在扫光所有金银财宝之后回到西班牙。虽然如今大多认为马铃薯就是在这个时候随皮萨罗军队一行人被运往欧洲的，然而关于到底是什么时候由谁将马铃薯带到欧洲的这个问题，仍然没有确凿的证据。

虽然马铃薯兴许是皮萨罗一行人之中的某个人一时兴起带回去的，但谁也没有想到，马铃薯最终成为比皮萨罗和科尔特斯他们所掠夺的金银珠宝，以及比欧洲料理梦寐以求的香料还要重要的存在。关于这一部分，后文会进一步详细解析，这里就不再赘述。自从马铃薯成为欧洲人的日常食材，欧洲的饮食结构就发生了天翻地覆的变化。马铃薯不仅解救了长期忍受饥馑的人们，还让将马铃薯作为主食的国家在短时间内迅速发展起来，国力变得雄厚。

　　除了"皮萨罗一行人将马铃薯带入欧洲"这一说之外，还流传着另外几种说法，但不论哪种说法，我们都可以肯定的是，马铃薯是在16世纪中期传入西班牙并开始在欧洲栽种的。位于塞维利亚的圣格勒医院1573年的账本上还留有购买了1磅（约450克）马铃薯的记录。根据这本账本的记录，在1573年还以磅为单位购入的马铃薯，到1584年以后，就变成以阿罗瓦（1阿罗瓦约等于25磅）为单位购买了（引自《餐桌的习俗》）。由此可以看出，16世纪后期，马铃薯成为西班牙的重要食材，其交易量和生产量都呈现出与日俱增的趋势。

　　根据莱顿大学的植物学教授克卢修斯的说法，马铃薯在16世纪80年代初期由西班牙传入意大利，并在1588年传入了荷兰。直到1600年，马铃薯迅速传入澳大利亚、比利时、法国、瑞士、德国、葡萄牙等国，并在大洋洲和欧洲大陆扩散开来。

作为食材并不受青睐

在刚迈入 16 世纪的西班牙，马铃薯开的白花深受王侯贵族们喜爱，还被当作观赏植物，种植在几所大学校园和君主的庭院里，有些则种在药草园中。后来，法国王后玛丽·安东尼特（Marie Antoinette）于某晚宴之际，将马铃薯花戴于头上作为发饰。从那以后，在贵族太太和千金小姐们之间形成了一股佩戴马铃薯花的风潮，把马铃薯花戴在头上或装饰于胸前逐渐成为一种潮流。直到 18 世纪末，马铃薯花一直都是深受大家喜爱的珍贵观赏花卉。

虽然有塞维利亚的圣格勒医院的先例，马铃薯的交易量在不断递增，但直到 16 世纪下半叶，马铃薯作为食材却并未受到广泛青睐。与其说马铃薯是一种食物，倒不如说马铃薯是一种具有异域风情且相当珍贵的观赏植物，又或者是一种"有利于结核病康复、具有催情功效的药用植物"。同时，马铃薯作为食物受到了"没有营养，是猪吃的""没有味道，连狗也不吃"等各种声讨，甚至"吃马铃薯的人"会被别人说成是"苟延残喘的贪生怕死之徒"而遭到歧视。有鉴于此，尽管马铃薯早已传入欧洲，但在很长一段时间内并没有成为日常食材，连贫穷家庭也不屑于吃。

马铃薯不论是在外观形状上，还是在其种植方法上，都

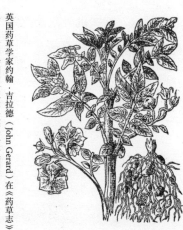

英国药草学家约翰·吉拉德（John Gerard）在《药草志》（1597）中绘制的世界第一幅马铃薯插图。

与欧洲本土栽种的作物有着显著的差异，所以人们在吃马铃薯这件事情上有些抵触无可厚非。在那个科学观念尚不发达的时代，一旦遇到跳脱出那个时代常识范围的奇异现象或事物，人们往往会产生偏见和迷信。在那个时代，支配着整个欧洲社会基础价值观的是以《圣经》为原典的基督教教义，而在《圣经》当中也没有一个字提到过马铃薯这样的食物，这致使欧洲社会对马铃薯产生了极大的偏见。于是吃下《圣经》中不存在的马铃薯就相当于是在冒险挑战餐桌上的未知，是一种打破饮食文化、如偷食伊甸园禁果般罪孽深重的行为。

麻风病是当时欧洲非常可怕的疾病之一。在对马铃薯的各种偏见中，其中一个便是吃了马铃薯有可能会患上麻风病。当时的马铃薯长得和现在圆而光滑的马铃薯不太一样，它们形状扁瘪，表面坑坑洼洼，到处都长着向内凹陷的芽眼。马铃薯如此难看的外形，自然让当时的欧洲人联想起麻风病的后遗症。另外，有一种接近原生种的马铃薯，不少人在生食这种马铃薯后因其强烈的涩味而过敏、发湿疹。这就更加助长了"吃马铃薯会罹患麻风病"的流言蜚语，甚至还有某些地区认定马铃薯是引起麻风病的病因而立法禁止大众食用马铃薯。

　　加之马铃薯生长在地底下，这种生长特性更加重了人们对马铃薯的反感。虽然当时种植的传统作物中也有像胡萝卜和芜菁那样是生长于地下的，但它们是通过播种的方式来种植，于是人们认为它们与在地面上生长收获的小麦和豌豆属于同类。马铃薯就不一样了，无须播种，通过埋于地下的块茎本身进行繁殖。这种出乎意料的繁殖方式在让当时的人们感到惊异之余，还加重了人们对食用马铃薯的抵触之情。

首先端上了德国人的餐桌

　　现在，世界最大的马铃薯生产国是中国，其次是印度、俄罗斯、乌克兰、美国，接着是德国。德国的马铃薯生产量仅排在世界第六位，尽管如此，对大部分的日本人来说，一说到马铃薯就不得不提到德国。德国，更准确的说法应该是过去的普鲁士，是欧洲大陆上最早将马铃薯端上餐桌代替面

腓特烈二世（腓特烈大帝）

包作为日常主食的国家。这个国家对马铃薯的普及作出了很大的贡献，其中奠定了马铃薯在普鲁士发展基础的是腓特烈大帝（1712—1786）。

当时，英国、法国、奥地利、俄罗斯等大国之间一直进行着虚虚实实的较量，普鲁士便是在这战乱不断的欧洲存活下来的国家之一。普鲁士占据着如今德国东北部和波兰的部分领土。随着马铃薯成为普鲁士人的主食，国力也强大起来，普鲁士于1867年登上了北德意志邦联最强邦国的宝座。1871年，威廉一世登基成为德意志帝国的皇帝，为德意志帝国的建立打下了坚实的基础。

让我们再把目光放回到1740年，腓特烈二世在其父王去世后，在 28 岁继承了王位，成为新国王，在位期间留下了不少丰功伟绩，被后人尊称为腓特烈大帝。腓特烈二世继位之时，曾作为主战场的普鲁士正处于三十年战争（1618—1648）的后遗症之中，黑死病开始大规模流行，再加上接二连三的天灾，导致连年歉收。普鲁士面临着黑不见底的深渊。

腓特烈二世是一位英明的国王。他认为，要想让自己的国家实力变得雄厚，必须提高农作物的生产效率，增加农业人口，构建一套完备的粮食增产体制。另外，他还认为马铃薯不仅是一种优秀的主食食材，更是一种在饥荒肆虐的时候能拯救国民的强有力的救灾作物。为了使对马铃薯持有偏见的国民了解马铃薯的价值，他公开举办马铃薯试吃会，在所有参与试吃会的大众面前，自己带头吃起了马铃薯料理，希望将马铃薯切实推广到普罗大众的家庭中。

若想要推动马铃薯的普及，必须先让农民积极栽种马铃薯。为了使国家的粮食增产体制变得坚不可摧，腓特烈二世针对农民颁布了马铃薯强制栽种法令。为了法令的彻底贯彻实施，在法令颁布以后，腓特烈二世还派遣军队监督各地的种植状况，违反法令者将会遭到削鼻或削耳的酷刑。在如此强势的政策下，大量农民开始着手种植马铃薯，国民也渐渐开始领悟到马铃薯作为主食的重要性。

18 世纪中期的普鲁士，虽然连年遭遇冻害导致麦类作物歉收，但不惧严寒气候的马铃薯却依然年年丰收，使人们避免了饥荒。普鲁士的人口持续增长，国力也日益增强。腓特烈大帝刚继位时，普鲁士军仅有 80 000 兵力，在 13 年后的 1753 年，兵力增加了近 70%，达到 135 000 人之多。

◇◇◇◇◇◇◇◇◇◇◇◇◇◇◇◇◇◇◇◇◇

法国的功臣是帕门蒂尔

从古至今，法国一直是欧洲最大的农业国。虽然马铃薯早已传入法国，但作为农业大国的法国对麦类作物的依赖根深蒂固，因此，直到 1600 年，马铃薯的普及迟迟排不上议程。在这种情况下，为法国普及马铃薯作出巨大贡献的是曾为药剂师、后来被提拔晋升至卫生局监督长官的安东尼 - 奥古斯丁·帕门蒂尔（Antoine-Augustin Parmentier）。

普鲁士军在英国的支援下形成了英普同盟，与俄罗斯、法国、奥地利组成的联合盟军之间进行了七年战争（1756—1763）。其中从属法国军队的帕门蒂尔被普鲁士军所俘，在普鲁士的牢房中关押了 3 年之久。监狱中的伙食以加了马铃薯的汤为主。说到汤，大部分的日本人只知道以汤水为主的法式清汤（Consommé）和法国浓汤（Potage），而当时的汤则指的是肉类和蔬菜的大杂烩，像法式炖牛肉（Pot-au-feu）和罗宋汤那样的汁少料多的料理，不是用来"喝"而是用来"吃"的汤。这样的料理虽说是汤，但其分量也足够让人饱餐一顿了。

在监狱中，一到用餐时间就会吃到马铃薯汤的帕门蒂尔发现马铃薯是一种非常优秀的食材。当战争结束后，帕门蒂尔获释回到自己的祖国，却看到那些法国农民就算饱受饥饿的折磨，也依然百年如一日般地耕种着传统的小麦，不打算种植对他们来说很陌生的马铃薯。

眼前的景象让帕门蒂尔全身心地投入到推广种植马铃薯的工作中。他的此番行动引起了皇室的关注，在路易十六（Louis XVI）的资助下，他开垦了位于巴黎郊外的萨布隆（Les Sablons）的荒野，尝试着种植了50英亩（约20万平方米）的马铃薯。有意思的是，他用栅栏把这个实验农场围了起来，还立了一块牌子，上面写着："此处种植的马铃薯为皇族食品，偷盗者将遭受严惩"，然后让军队只在白天加强戒备看守，在夜幕降临时撤走监视的军队。

住在周围的居民们对王侯贵族食用的马铃薯非常感兴趣，纷纷在没有军队驻守的夜晚偷偷挖走马铃薯，想要尝尝王侯贵族食物的味道。这正合了帕门蒂尔的心意，到了18世纪末期，马铃薯的种植在农民间得到普及，法国的粮食状况也随之得到极大的改善。路易十六为此专门致谢帕门蒂尔说："阁下为贫民们找到了粮食，我谨代表法国政府向阁下致以无尽的感谢。"（引自《科学逸史 IV》）

众所周知，萨布隆正如它的字面意思[1]那样，原本全是沙地，并不适合农业种植，所有人都认为帕门蒂尔的马铃薯种植实验一定会以失败告终。然而出乎大家意料的是，马铃薯在沙地上也迎来了大丰收。在试种结束后，帕门蒂尔准备了一场只有马铃薯料理的宴会，邀请了各界名流之士。其中包括被称为近代化学之父的拉瓦锡（Antoine-Laurent de Lavoisier）、揭开雷电现象秘密的美国科学家本杰明·富兰克林（Benjamin Franklin）等人。事实胜于雄辩，马铃薯料理的美味与其带来的饱足感满足了来宾们的味蕾，从而印证了马铃薯的价值，成功地让许多有影响力的人变成了马铃薯的拥趸。如此一来，帕门蒂尔顺利地在上流阶级和农民阶级中推动了马铃薯的普及。

爱尔兰的悲剧

既然说到了马铃薯的发展历程，那么也不能回避因马铃薯遭受疫病而导致爱尔兰大饥荒的史实。马铃薯在传入英国后也慢慢向爱尔兰和苏格兰扩散，至 17 世纪中叶，马铃薯已经深深根植于爱尔兰的日常饮食中。到 18 世纪初期，马

---

1 萨布隆的法语 Sablons 是"沙丘"之意。——译者注

铃薯成为爱尔兰人唯一种植的给人体提供热量的粮食作物。

在 1949 年完全独立之前，爱尔兰一直处在大英帝国的统治下。在马铃薯普及之前，由于爱尔兰大部分土地都属于居住在英国的地主，他们掌管着这些土地，用来种植出口农作物，或是用来作为饲养家畜的牧地，因此大部分的爱尔兰人都没有自己的土地。爱尔兰人必须付出好几周的劳动才能换来一部分土地的使用权，又或者是向地主租借土地来栽种自己吃的粮食。在这种情况下，爱尔兰人不断为粮食不足而苦恼，过着水深火热的生活。

自从马铃薯普及以后，像其他国家一样，爱尔兰的粮食情况也大有改善。1 英亩（约 4 000 平方米）的土地上可以收获 4 万磅（约 18 吨）马铃薯，即使是由十个人组成的大家庭也不用再担心吃不饱了。18 世纪末期，充足的粮食直接导致人口上涨，爱尔兰对马铃薯的依赖变得更高了。1754年爱尔兰的人口为 320 万，到了 1845 年，人口攀升至 820万，仅用了 90 年，人口增长了约 1.5 倍。

1845 年，欧洲各地的马铃薯突然都染上了疫病，染病的马铃薯在一夜之间叶子全部变黑，最终枯萎。把生病的马铃薯挖出来便可以看到，整个马铃薯几乎都已腐烂。不幸的是，直到 1849 年马铃薯的疫病才得到控制。这场疫病在爱尔兰持续了整整 5 年，把两百年来依靠种植马铃薯为生的贫苦农民逼向绝路，使他们陷入生存困境。当疫病停息，饥荒结束，因饥饿而死的爱尔兰人多达 150 万人，还有另外 150 万人背井离乡，前往新大陆找寻一线生机。

大多数爱尔兰移民前往当时的英国殖民地，也就是现在的美国。这个时期的移民人口的子孙中还出了好几位美国总统。如第 35 任肯尼迪总统、第 40 任里根总统、第 42 任克林顿总统，皆为爱尔兰后裔。有鉴于此，爱尔兰发生的悲剧对后世的政治、经济造成的影响也是空前的。

热带的巴拿马地峡因高温潮湿的气候不适合马铃薯生长，因此原生于安第斯高原的马铃薯没有直接传入北美大陆。带着薯种在北美各地之间移居的爱尔兰人安定下来之后，开始种植他们爱吃的马铃薯。虽然在爱尔兰人移居此地前，早已有人将马铃薯从欧洲带到北美，但最终将马铃薯的种植普及全美的却是这些爱尔兰人。来自安第斯山脉的马铃薯经过欧洲大陆，以逆向输入的形式定居北美大陆，最终诞生了以爱达荷州为中心的马铃薯种植基地。

欧洲因马铃薯而强大

划时代的热量供给量

正如笔者前文所述，原产于安第斯高原的马铃薯非常适应欧洲寒冷的风土气候，其食用价值一经欧洲社会认可，耕种面积便急速扩张。随着马铃薯成为欧洲人的日常主食，欧洲社会在各个方面都发生了变化，受惠层面变得更为广泛。人们获取热量的来源再也不仅仅是单一的麦类作物。当马铃薯的生产进入正轨后，不仅能让所有人吃饱，甚至还有富余，这让欧洲社会彻底摆脱了饥馑的威胁。

在此基础上，人们吃剩的马铃薯和麦类作物还可以作饲料用，欧洲的家畜豢养状况也随之得到大幅度的改善，肉类供应变得充足，一年四季随时都能吃到新鲜的肉。以上两点是马铃薯为欧洲作出的最大贡献，可以说马铃薯改变了整个欧洲社会。

可是话说回来，即便是马铃薯生产量较大的俄罗斯、波兰、德国，也就是位于欧洲北部的国家，也并没有因为马铃薯是比白面包更好的主食而满足。人们当然想多种些小麦来做白面包吃，但遗憾的是，寒冷的气候加之耕地土质不好，没有条件种植出足量的小麦。权衡之下，为了优先保证粮食充足，人们也顾不了这么多，还是只能栽种那些在土质恶劣、气候寒冷的地方也能丰收的马铃薯。

马铃薯是所有农作物中可种植纬度最高的作物。连在北纬 70 度以北，挪威最北边的北角（Nordkapp）也能看到种植马铃薯的田地。与北海道北边隔着宗谷海峡的库页岛的最北端，约北纬 55 度的地方也种植着无比耐寒的马铃薯。由此可见，马铃薯在那些土质不肥沃的土地上，或是不能被利用来作牧地的土地上也能顺利种植。

马铃薯的热量是小麦的 4 倍

从埋下薯种算起，3 个月后便能收获马铃薯，其收获量也十分可观。根据马铃薯收获得又快又多的这个特性，即便是在 18、19 世纪农业技术水准还十分低下的情况下，同等面积耕地收获的马铃薯的量也远远超过麦类作物。

瑞典皇家学院的查尔斯·思基德斯在制作蒸馏酒时，没有用欧洲北部珍贵的大麦做原料，而是改用随处可见的马铃薯，并对此做了实验和研究。1747 年，他发表的研究成果中有以下内容：

> 在条件最恶劣的 1 英亩（1 英亩约为 4 000 平方米）土地上种植品种最差劲的马铃薯，其蒸馏出的酒精量也比在同等面积且条件更适宜的土地上种植的大麦蒸馏出的量多得多。其生成酒精的比例，前者为 566，后者为 156。
>
> （引自《餐桌的习俗》）

酒精是通过发酵原料中的碳水化合物产生的，因此生成酒精的比例亦和原材料中所含碳水化合物的比例相同。将引文中生成酒精的比例 566∶156 简化后约为 3.6∶1。换句话说，科学研究已证明在最坏的条件下种植的马铃薯的碳水化合物的量是在最好的条件下栽种的大麦的碳水化合物的 3.6 倍。

我们从这个实验可以看出，对比同等面积的耕地上所能收获的热量，马铃薯优于麦类作物，在同等条件下种植马铃薯的收获量至少是麦类作物的 4 倍。曾有数据表明，在 13 世纪，人们还没有把马铃薯当作日常主食，当时就算是在较为富裕的巴黎北方的农村，每年 4 个人中就会有 1 人死于饥饿。因此对于不断遭受饥荒折磨的农民来说，马铃薯是农民们赖以生存的重要农作物。

对恐怖的坏血病有预防效果

马铃薯不仅是代替麦类作物为人们提供热量的粮食，还具有维持人体健康的卓越特性。（日本）文部科学省编撰的《日本食品标准成分表2010》中曾指出，每100克马铃薯中含有35毫克（1毫克等于0.001克）维生素C。这个含量值虽然和柑橘类、草莓等水果的维生素C含量比起来并不算多，但要比我们常吃的苹果、葡萄、梨、桃子等水果的维生素C含量多。

蔬菜和水果所含的维生素C不耐高温，遇热会被破坏，这是大家都知道的常识，但马铃薯中所含的维生素C则相对稳定，在高温环境下流失的维生素C较少。这是因为马铃薯中所含的淀粉一经加热就会糊化，从而将维生素C牢牢锁住防止其溶入水中流失。《日本食品标准成分表2010》中还提到，水煮马铃薯所含的维生素C含量占新鲜马铃薯的60%。

马铃薯在法语中被称为"pomme de terre"，德语中被称为"Kartoffel"，有时又称作"Erdapfel"。不可思议的是，不论是"pomme de terre"，还是"Kartoffel"，又或是"Erdapfel"，它们的意思都是"地下的苹果"。欧洲人将马铃薯端上餐桌时，还不知道维生素C的存在，但那个时代的人们知道，苹果中含有一些有利健康的物质，所以才将含有维生素 C 的马铃薯称为"地下的苹果"。

大家都知道，人体如果缺乏维生素 C 便会患上坏血病，严重的时候还可能导致死亡。在欧洲中部至北部的冬季，放眼望去，森林与耕地中尽是皑皑白雪，人们吃不上新鲜的蔬菜和水果，在这种情况下，吃马铃薯可以维持健康，避免患上坏血病。值得庆幸的是，被储存起来的马铃薯，其含有的维生素 C 也不会流失。因此，马铃薯不仅是一种代替麦类作物为欧洲社会提供热量的粮食，它还是一种让人们远离坏血病，维持人体健康的重要作物。

马铃薯生长在地底下的好处

在马铃薯成为主食以前，欧洲人仅依靠麦类作物来摄取人体必需的热量，还要时时担心粮食不足的问题，导致人们一直沉浸在随时可能暴发饥荒的噩梦中。对一国之君而言，解决国民的饥饿是最重要的政治课题，因此增加粮食的供应量便是重中之重，而扩张领土是确保人们能获得更多粮食的手段之一。在马铃薯刚刚成为主食的时候，这种打着所谓正当理由的旗号引发的领土之争导致战乱频繁，冲突不断。

一旦开战，平日里农民倾注心血耕种的麦田就被士兵、战马无情地踩坏。要是处于生长期的作物被踩毁，那就意味着当年无法收获粮食；要是在收获期后被卷入战事之中，收割好的麦子要么被一把火烧掉，要么就被侵略者统统抢走。总而言之，和战争扯上关系的麦田基本颗粒无收。

与在地面上成熟、收获的麦类作物不同，在地底下繁殖的马铃薯的情况就不一样了。就算在马铃薯田上战斗，踩坏了马铃薯田，但只要敌方没有时间把马铃薯整个连根拔起，地底下总会留下些马铃薯。只要种植了马铃薯，就算不幸遭遇了战争，也不会造成像麦田那样颗粒无收的局面。马铃薯受到战争的影响较小，这样因战争造成的损失也相对较小。在那个战乱纷纷的年代，很多国王与领主像之前提到的腓特烈大帝那样，已经注意到马铃薯的这一特性，都积极鼓励农民种植马铃薯。

马铃薯在地底下繁殖还有另外一个好处：马铃薯可食用的部分深埋在地底，所以就算天公不作美，遭遇强风、冰霜、冰雹等极端气候，和被卷入战事时的情况一样，马铃薯受到影响和伤害的程度也很轻。当小麦那种在地面上结果的作物遭遇异常气候时，通常会大量受灾，损失惨重，而在地下生长的马铃薯则能够保证一定程度的收获量。不论是战争等人为引起的异常情况，还是大自然中突发的极端天气，比起地面上结果收获的作物而言，马铃薯都能确保更高的产量，对农民来说是一种非常可靠的重要农作物。

被端上欧洲人餐桌的马铃薯

最晚到19世纪中叶，马铃薯的种植已在欧洲全面普及，在餐桌上吃到马铃薯变得理所当然，贫穷家庭也不用再为饥饿而苦恼。马铃薯从饥荒时期的救灾食品一跃成为和面包并列的主要热量来源之一，以德国、法国为首的欧洲各国还不断研发出让马铃薯变得更美味的烹饪方法。另外，人们将马铃薯当作日常食材使用后，也增添了不少料理的新花样。在不到300年前，好不容易才被欧洲社会所接纳并端上餐桌的马铃薯，如今已成为全球最基本的食材之一。

在被日本人视作马铃薯本家的德国，黑麦做的黑面包和整个烤好或蒸好的马铃薯是餐桌上的日常料理。除此之外，马铃薯可以切长条、切丝、切薄片或者磨成泥，可以用水煮、油炸、炒、烤等多种烹饪方式进行料理。

要是问法国人一顿家庭晚餐通常都有些什么菜的话，估计10个人当中有8个人会回答你"（每人200克左右）牛排和炸薯条"。开胃菜是沙拉，主菜是牛排配炸薯条，再以芝士收尾，搭配红酒，这个阵容是法国家庭最典型的晚餐配置，可以说是全民性的晚餐了。

马铃薯传入美国的历史较短，美国是现代世界的谷仓，其小麦的出口量也领先于世界其他国家，位居全球第一。尽管小麦产量充足，马铃薯在美国的饮食生活中仍扮演着重要的角色。比如在餐厅点肉类料理，首先配菜里面就一定会出现马铃薯。通常搭配的都是铝箔纸包着的烤得松软热乎的烤马铃薯（baked potato），有时也可能会以炸薯条或土豆泥代替。

人们不仅仅在一日三餐中食用马铃薯，甚至在下酒菜里也能见到马铃薯的身影，比如将切片的马铃薯和洋葱、培根一起炒制而成的德式马铃薯是啤酒馆里日本人非常熟悉的一道经典下酒菜。将切条的马铃薯油炸过后撒上盐调味便做成了炸薯条（french fries）。正如字面意思所示，炸薯条源于法国，如今已是无人不知、无人不晓的小吃，全世界的快餐店都有炸薯条出售。在英国，简单快捷的炸鱼薯条（fish and chips）则是都市居民热爱的轻食。其制作方法是在鳕鱼等白色的鱼肉外面裹一层面衣油炸，然后用折成三角的报纸包起来，放上炸薯条，撒上盐和醋调味。在街头边走边吃炸鱼薯条的人们已然成为英国的一道风景。若把马铃薯切得像纸一样薄，油炸过后加盐调味，这就制成了薯片。薯片是源自美国的零食，如今已风靡全球。

从又臭又难吃的盐渍肉中解放出来

在马铃薯成为人们的日常主食以前，中世纪的欧洲可供食用的肉类严重不足。马匹是作为代步工具的重要牲畜，同时也是战争时不可或缺的战力，所以欧洲人不可能宰杀马匹来食用马肉。而要是没有了牛这一重要劳动力，那么一望无际的农田将无法耕犁，而且牛提供的牛奶是人们重要的蛋白质来源。除了实在衰老无用的牛，欧洲人一般情况下是不会杀牛来吃的。另外，原产于印度的棉花在传入欧洲之前，羊毛是与麻同样重要的用于制衣的主要素材，因此羊也是不能随便吃的重要家畜。从一开始就是以提供食用肉为目的饲养的大型家畜，换句话说，任何时候食用都不会为人们的日常生活带来不便的大型动物就只有猪了。值得庆幸的是，在所有家畜当中，猪的饲料利用率最高，从能提供食用肉的角度而言，猪是最好的选择。

小猪通常在春天出生，一般无须特意为其准备饲料，让它们在家附近随意觅食即可长大，但中世纪的欧洲农村并不富足，没有适合猪自然生长的食物充足的环境。所以中世纪的绘画作品中出现的猪看起来都不胖，甚至可以说长得很瘦弱。到了秋天，农家的孩童们会手持木棒赶着家里养的猪，带它们去村子周围的橡树林里。孩子们用木棒把橡子从树上敲到地上喂猪吃，这是作为家中的一分子非常重要的工作。橡子被称作"猪吃的面包"，吃饱了橡子的猪会慢慢长胖、长壮。

和吃牧草、干草的牛羊不同的是，猪是杂食性动物，人

中世纪欧洲养猪的情形。农家小孩将树上的橡子打落喂给猪吃。

的食物猪也可以吃，所以猪的饲料常常会和人的粮食起冲突。农民好不容易才能确保自己有足够多的粮食度过冬季，在这种情况下，储备足够所有猪过冬的饲料是一件不可能完成的任务。因此在秋天快要结束的时候，农民只留下第二年繁殖用的种猪，将所有吃橡子长胖的猪宰杀后制成盐渍肉。人们会吃这种盐渍肉一直吃到第二年的秋天，这是当时的欧洲人一直以来的基本饮食生活。

　　说起当时肉的保存，别说是冷冻了，就连冷藏技术都还未出现。那个时代，为了延长肉类的保质期，人们只能将其做成肉干，或是用烟熏制做成烟熏肉，再来就是制成盐渍肉储藏。在中世纪的欧洲，主流还是将猪肉用盐腌制后储存起来。这是从罗马时代就传入农村的保存方法：将猪肉切割成小块，两面都抹上盐揉搓，放进木桶里，每层肉之间都要另外再撒上厚厚的盐腌制。

据说盐渍肉非常难吃，通常都是放入小麦粥或汤里炖煮了吃，虽然经过了长时间的熬煮，但这样并不能轻松将盐渍肉的咸臭味除掉。尽管如此，漫漫长冬，人们没有新鲜的肉可以吃，为了摄取人体必需的蛋白质，只能一边捏着鼻子忍受这种咸臭味，一边继续吃这难以下咽的盐渍肉。

随着马铃薯种植的普及，富余的马铃薯就可以用来喂猪了。另一方面，在马铃薯的食用价值受到人们肯定之后，用来做白面包的除小麦以外的麦类作物渐渐淡出人们的视野，不再出现在餐桌上。大麦的麦芽可以用来作啤酒和威士忌的原材料，黑麦可以用于制作黑面包，除了这些有特殊用途的麦类作物之外，小麦以外的麦类作物都拿去作为家畜饲料。

直到19世纪中期，由于饲料充足，在冬季也有条件饲养用以提供肉食的牛和猪了。人们可以随时根据需要宰杀家畜，吃到新鲜的肉。也就是说，将欧洲料理从又臭又难吃的盐渍肉中解放出来的并不是欧洲人梦寐以求的香料，而是传入初期被贬低成"没有营养、是猪吃的"，不曾被视作粮食的马铃薯。

真正的肉食社会的出现

在人们依靠橡树果实养猪的时候，每到秋季末，每户农家平均有 3 头猪是可以用来食用的。后来，家畜的饲料量有了飞跃性的增长，因此农民有能力饲养的可提供肉类的家畜数量也大幅度增加。在此之前，人们从没想过用养殖成长速度很慢的牛来提供牛肉，在将马铃薯用作饲料后，饲料变得丰富，农民不仅开始养殖猪，还开始饲养提供肉类的牛。百姓的餐桌上除了猪肉，还可以吃到牛肉了。

饲料产量的好转不仅导致家畜养殖数量的增长，肉的消耗量也急速上升。到 19 世纪后期，每个欧洲人的肉类消耗量几乎达到与 20 世纪中叶的消耗水平不相上下的程度，欧洲变成了真正的肉食社会。马铃薯提供了充足的热量解决了饥荒，人们全年都能摄取到足够的蛋白质，国民的体质变得强壮，人口日益增长，国力自然而然地变得强大。我们可以说，在近代欧洲文明称霸世界的背后，马铃薯的存在不容小觑，功不可没。

第二章

建立汽车社会的橡胶

诞生于美索不达米亚的车轮进化历程

社会生活不可或缺的轮胎

很久以前，一提及关于社会福祉的话题，人们就会讲到"从摇篮到坟墓"这句话，而在现代，人们讲得更多的是"从婴儿车到灵柩车"，人的一生仿佛都在车轮子上度过。利用橡胶特性制作出的充气轮胎，可以使汽车的行驶变得平稳顺畅，从而造就了今天如此发达的汽车社会。虽然使用充气轮胎的汽车历史只有短短一百多年，但它的出现使汽车社会持续蓬勃发展至今，深深地改变了人们的生活形态。

出门时，人们通常会选择骑自行车或乘坐巴士去往最近的地铁站，再换乘地铁前往目的地。如果目的地是在国外，或者像是从东京、大阪去往九州、北海道这样遥远的地方时，人们则会选择乘坐飞机。飞机也必须要安装轮胎才能完成起飞与降落。假日里和家人一起去景点游览时，要是不担心堵车的话，很多人会选择自驾。学校组织的修学旅行，或者旅行公司组织的旅游行程，几乎都会选择巴士作为往返各处的交通工具。遇到紧急状况时，只需要打个电话，救护车、警车、消防车就会鸣着警笛速速赶来，保护人们的生命安全以及财产安全。

到了春季，插秧机和拖拉机在田地中忙个不停；到了秋季，同时完成收割与脱壳工作的联合收割机又成为农活的主力活跃于乡野。收割好的农作物会用车运往当地的农业合作社，再装载进卡车或货运列车中发往各个消费市场。在城市的批发市场上，可以看到人们用铲车分拣集中于此的农产品和海产品，竞价购得的商品将被装进小型卡车运至各个零售商。要是没有公路和铁路运输，现代都市生活将无法成立。

以往的土木工程现场往往都是人山人海，人们用尖镐松土，再用铁锹铲土，将不用的余土放入土筐，由工人肩扛着抬出去。现代的工程现场，则是由挖掘机挖掘土方，用推土机将挖出来的土推到一旁的角落，再由自动卸货车则将不要的土集中运往垃圾填埋场。之后，卡车将建筑材料运往施工现场，混凝土搅拌车将生混凝土运来。在现代建筑工地现场，人们只需要通过操纵车辆和起重机即可，除了一部分架构钢筋铁骨的少数操作外，其余重体力劳动的工作便可交由车或机械来代为执行。要是没有这些车辆与建筑机械的协作，不要说是兴建都市中的高楼大厦，就是建设个人住宅都是一件困难的事。

不知不觉间，大量的轮子早已渗透到了我们的家庭中。不只是玻璃窗和纱窗门的轨道上滑动的拉门装有轮子，最近甚至有很多日式传统糊纸（布）的推拉门也装上了滑轮。另外，厨房使用的餐车也装上了轮子，方便人们将料理从厨房运送到餐桌上，像钢琴那样很重的家具上一定会装上一种小脚轮。若是有小孩子的家庭，院子里一定丢着一辆辅助三轮车，室内则到处都是孩子的玩具电车、玩具汽车。要是孩子年龄再小一点，可能还会使用带车轮的学步车在室内转来转去。一旦认真清点就会发现，家里的轮子数量多到超出想象。

在现代实际生活中，人们从出生开始就被车轮包围，在生活中也处处需要借力于车轮。而且，除了火车以外，基本上所有的车轮都安装有橡胶轮胎。也就是说，是安装橡胶轮胎的车轮构筑出了现代社会。现代人已经无法回到那种没有车轮的生活，就算要让人们回到"在市内禁止除人力车外的车辆行驶的江户生活"，也令人难以接受。

诞生于美索不达米亚的车轮

人们通常会误以为随着文明发展，轮子这一发明会自然而然地出现，而综观人类的历史，我们会发现，事实并非如

车轮历史的变迁。左起分别为：初期的板状车轮、马拉战车的带辐条的车轮、现在的车轮。

此。在哥伦布造访新大陆以前，与欧洲文明没有任何交流的玛雅文明、阿兹特克文明以及印加文明等在新大陆诞生的文明中，并没有轮子的踪影。即便是在四大古文明当中，也只有美索不达米亚文明中出现了轮子，随后轮子再传入古埃及文明、古印度文明和黄河文明。综上所述，四大古文明中有三大文明都没有发明出轮子，且都是从外部传入的。

公元前 1700 年左右，被称作希克索斯人（Hyksos）的古代亚洲民族率领着马拉战车的军队对古埃及发动了进攻。古埃及也与美索不达米亚一样，拥有繁荣灿烂的文明，但之前既没有马匹传入古埃及，古埃及也不曾发明出轮子这种东西。因此，古埃及人只能以步兵部队对抗希克索斯人的战车，最终被他们从来没见过的马拉战车部队彻底击垮，一败涂地。自那之后的一百年间，埃及一直处于希克索斯人的统治之中。

在很久很久以前，底格里斯河与幼发拉底河流域发展出了繁荣的美索不达米亚文明。在约公元前 3000 年，这个由居住在现今的伊拉克地区的苏美尔人构筑起来的文明迎来了全盛时期。在当时的神殿里工作的人们留下的文献资料当中，有代表车子的象形文字的记录。这些象形文字是表明美索不达米亚文明中有车子存在的最古老的记录。

既然有象形文字的记载，那么就不可能没有实物。象形文字是根据实物的形象产生的，因此人类实际开始使用轮子的时间明显可以追溯到留下文献记录的时间之前。虽然没有十分确切的证据，但车轮的历史是从搬运重物使用圆木（移动重物时，在物体下方铺上的用于滚动的坚硬圆木）的时候开始的。在留下车子象形文字记录的时代以前，轮子早已经历了一系列的进化过程。从美索不达米亚遗迹出土的文物中，我们可以推断出那个时代的轮子是木制的，直径约50厘米。虽说将其称为轮子，其实只是用车辋与三块木板拼接后，切割成圆形，将轴木穿过圆心制成的东西。这种木轮装在车上，用着用着就会磨损殆尽，继而无法使用。为了使车轮变得更经久耐用，人们将动物毛皮或木板钉在车轮的外侧，耗损完了再更换新的即可。也就是说，美索不达米亚文明中诞生的木制车轮所装置的是动物毛皮或木板做成的轮胎。

那个时代当然没有现代铺设的柏油马路，一旦遇到下雨，道路立马变成泥泞一片。在泥沼和沙地上，车轮会因陷入地面从而导致抛锚报废。为了弥补这种木制车轮的缺陷，在公元前2000年左右，人们将数根木头拼接起来制成车轮的外圈部分，中间用四至八根木制辐条支撑整个车轮，从而减轻了车轮的自重。这种新型车轮比原先的板状车轮要轻，所以更能适应恶劣的路况，而且行驶速度也变得更快了。希克索斯人在攻打古埃及时所使用的战车采用的就是这种辐条式的车轮。

改善车轮品质的凯尔特人

车轮是从罗马时代开始高速发展起来的。正如"条条道路通罗马"那句话所言，罗马帝国光是干线道路铺设的石板路就长达 85 000 公里，而 85 000 公里可绕地球两周有余。让我们把罗马帝国的干线道路规模与现代汽车王国的美国的高速公路规模相比较看看吧。若只是单纯比较其距离的话，美国高速公路总长度为 88 000 公里，和罗马帝国的干线道路的长度不相上下。罗马帝国历史上国土面积最大时为720 万平方公里，而美国的国土面积为 936 万平方公里。也就是说，罗马帝国的国土面积仅为美国的四分之三，但干线道路的长度却和汽车王国美国高速公路的长度基本相当。不仅如此，85 000 公里仅仅是干线道路的数据，要是将支线道路的长度也算进去，其总长度可达 29 万公里。

随着道路设施逐渐完备，载人的马车自不必说，运货马车、战车等也都愈加发达了。交通量与日俱增，为了延长用动物毛皮和木制轮胎做成的车轮的使用寿命，人们绞尽脑汁。

在距今两千多年前，凯尔特人从现在的德国南部至罗马尼亚地区，迁移到法国、意大利至英国一带。凯尔特人虽然曾被罗马人当作野蛮人而受到歧视，但他们对车轮的发展作出了不可磨灭的贡献。

凯尔特人为了延长木制车轮的使用寿命，发明出用铁制轮胎代替动物毛皮和木制轮胎的方法。首先，要准备一张和车轮同样宽度的铁皮封带，将其卷成一个仅比外圈的木头车轮直径小一点的铁轮胎。加热这条铁皮封带，由于热胀冷缩，铁轮胎的直径又会变得比木头车轮大一些。将木头车轮嵌入加热后的铁轮胎里面，然后浇水使其冷却，铁轮胎遇冷迅速收缩至原始大小，这样一来，就把铁皮和木头车轮牢牢嵌紧了。在车轮被铁轮胎包紧以后，车轮除了变得更坚固耐用，铁轮胎会越来越贴合车轮而不会松动脱落。安装了铁制轮胎的车轮，其使用寿命远远超过以前用动物毛皮和木材作为轮胎的车轮。

当装有铁制轮胎车轮的马车奔驰在铺设石板的干线道路上时，满街都能听到"咯哒咯哒"的噪声，震耳欲聋。不仅如此，在那个马车自身悬挂还不够稳定的时代，马车的乘坐感受就像是在凹凸不平的路面上骑爆了胎的自行车那样，坐在马车上的人会直接感到剧烈的震动。因此，当时的马车并不是一种舒适的交通工具。直到发明了充气橡胶轮胎并将其量产化的 19 世纪末期，欧洲大陆一直都在使用这种装有铁制轮胎的车轮。

当时的马车既有双轮的，也有四轮的。双轮的马车虽然转动的灵活性高，但稳定性不好。另一方面，四轮的马车虽然稳定性较好，但由于前后的车轴与车轮都已事先被固定好，马车就像日本的庙会上巡回的彩饰花车一样，左右转弯并非易事。凯尔特人后来发明了前轮连同车轴可以一起转向的马车，于是四轮马车的转弯也就不成问题了。

自行车的发达与橡胶制轮胎

虽然学术界关于自行车的发明者众说纷纭，但大家对实用性自行车的发明者则达成了共识，那就是德国的卡尔·德莱斯男爵（Karl Drais）。1817 年，卡尔·德莱斯男爵在木棒的两端各安装一个车轮，以用脚蹬地面的形式前进，同时在自行车前端装置了车把，以此来控制方向，这就是他发明的双轮自行车。同年 7 月，有文献记载有人骑自行车从曼海姆（Mannheim）到基尔（Kiel），共计 50 公里路程，用时 4 小时。也就是说，这种自行车的车轮和车身虽然皆为木制，但其行驶速度和马车基本相同。

到了 1860 年，一种类似儿童三轮车的，即在前轮中心装置踏板，不用双脚蹬地，用脚蹬踏板就可前进的自行车出现了。这种装有踏板的自行车，只要踩一次踏板，前轮就会随之转动一圈，自行车也刚好前进与前轮圆周长相等的距离。也就是说，前轮越大，自行车就前进得越多。于是为了提高行驶速度，人们就将自行车的前轮做得越来越大，甚至出现了前轮直径长达 2 米，而后轮直径仅为 50 厘米的自行车。在骑这种自行车的时候，人几乎是骑在前轮上蹬踏板的，身体重心自然变高，从而导致这种自行车骑起来非常不稳。而且，这种自行车没有刹车装置，需要紧急刹车时停不下来，非常危险。

如果只用木材制作直径 2 米的巨大车轮，那么是无法做出轻盈又坚固的车轮的。于是人们发明出一种用铁皮封带制作车轮外圈，用细铁棒制作辐条的车轮来代替以前使用的笨重的木头车轮。到了 1870 年，这种铁制车轮装上了橡胶的轮胎。虽说是橡胶轮胎，但当时的轮胎被称作实心轮胎，和儿童三轮车的轮胎一样，整个轮胎都是橡胶制的，包括轮胎的中心也充满了橡胶，虽然这样在行驶途中产生的噪声降低了不少，但乘坐的舒适度并没有大的提升。

到了 1880 年，自行车开始使用齿轮和链条。只需要改变齿轮的组合方式，蹬一次踏板，车轮便可以转动好几圈，人们不用再为提升速度而增大车轮的尺寸了。随着这种使用齿轮和链条的自行车的普及，那种重心高且不稳定、经常使人陷入跌倒危险的大前轮自行车便渐渐淡出了人们的视野。

兽医约翰·博伊德·邓禄普（John Boyd Dunlop）于

世界上第一辆自行车，『老式脚踏车（Draisine，德语）』。人的双腿跨在座上，用脚蹬地，自行车就会前行。

1888 年取得了充气轮胎的专利，其详细经过笔者将在后文中叙述。充气轮胎的出现，大幅度降低了骑行过程中骑行者的震感，骑自行车的舒适度有了很大的改善。除此之外，与以前的那种实心轮胎相比，车轮滚动时的摩擦阻力也大幅度降低，即使路况恶劣也能轻松驶过。到了 19 世纪末，人们终于可以尽情享受充气轮胎带来的便利与舒适了。

　　凯尔特人发明的铁轮胎被持续使用了很长时间，而我们从开始使用乘坐感受舒适的充气轮胎到现在还不到一百年。另外，充气轮胎诞生时，汽车也刚刚问世。于是充气轮胎也被装置于汽车上，其特性也为汽车的普及作出了巨大贡献。进入 20 世纪以后，要说"栽种植物为文明社会带来的最大冲击"是什么，那一定是伴随着充气轮胎的发明诞生的汽车社会。原产于新大陆的橡胶树（学名为三叶橡胶树）以轮胎的形式为现代社会打下了基础。

从难以处理的生橡胶到制成轮胎的过程

生橡胶的特性成为实用化的障碍

1493 年，在哥伦布面向新大陆出发开始第二次航海之前，欧洲社会对橡胶的存在还一无所知。在这次航海中，途经伊斯帕尼奥拉岛（现在分属海地共和国与多米尼加共和国）时，哥伦布看到当地的孩子们在玩一种又黑又沉的球。这个球十分柔软，往地上丢的话会反弹，弹得比人还高。据说哥伦布见此惊叹道："这个球像活的一样！"这便是欧洲人与橡胶的首次接触。后来哥伦布虽然将这个橡胶球带回了欧洲，但在当时的欧洲，还没有人知道怎样利用橡胶的这种奇妙特性。

新大陆的原住民们不只将橡胶制作成玩耍的球，他们还知道如何巧妙地利用橡胶为日常生活提供便利。比如，他们将从橡胶树上收集到的白色树汁涂在双手和双脚上，靠近火源烤干之后再重复几次这样的操作，制作出既薄又耐用的橡胶手套和橡胶鞋。除此之外，还可以制作出不漏水的水壶和杯子等。他们甚至还在布料上涂橡胶树汁，做成用于避雨的贴胶防水布。

从橡胶树上采收到的白色树汁，就是后来被称作胶乳（latex）的物质。胶乳晾干凝固之后就变成生橡胶，原住民所制作的橡胶制品皆为生橡胶制品。胶乳即便不用火烤干，仅放置一段时间，它也会自然凝固成生橡胶，胶乳是无法再恢复到原本的液体状态的。虽然新大陆的生橡胶传入了欧洲，但胶乳这一麻烦的特性却成为橡胶实用化的决定性障碍。就算把刚从树上采收的胶乳立刻运往欧洲，胶乳也会在抵达欧洲港口前全部凝固成生橡胶，所以人们根本无法在欧洲生产制作生橡胶制品。当时，可以制作生橡胶制品的只有能够直接采收到新鲜胶乳的中美洲和南美地区的原住民。

由胶乳凝固而成的生橡胶在高温下会变得疲软；反之，在低温下生橡胶又会变硬，从而失去橡胶特有的弹性，有的甚至还会开裂。生橡胶的物理性质会随温度的变化而发生剧变，这是一种使得生橡胶的应用变得困难的特性。虽然生橡胶早已传入欧洲大陆，但直到18世纪末期也没能实现生橡胶的实用性生产，其商业价值也未被人们认可。

使生橡胶得以实用化的技术

铅笔是在 16 世纪问世的，在之前很长一段时间内，人们都用面包来擦除铅笔写下的文字。1770 年，发现氧和氨的知名化学家约瑟夫·普里斯特利（Joseph Priestley）注意到一件事，那就是如果用生橡胶块在铅笔写的字上摩擦的话，铅笔字可以被擦得很干净。他认为，生橡胶"非常适合用于擦除纸上写下的黑色的铅笔痕迹"。不仅如此，1 英寸（约 2.5 厘米）立方体状的生橡胶块的"价格虽是 3 先令（20 先令为 1 英镑），但可以使用好几年"（引自《科学逸史 IV》）。欧洲最初实用化生产出的橡胶制品是 1772 年英国出售的方糖大小的橡皮擦。在人们逐渐了解橡皮擦的便利性后，橡皮擦便迅速从英国传入法国，然后风靡全欧洲。由于在生橡胶的所有用途当中，最初以橡皮擦的形式投入使用的是英国，因此生橡胶被称为"rubber（摩擦的东西）"。

进入 18 世纪中叶以后，人们发现生橡胶可溶于醚类化合物和植物萃取的精油中，这是一个重大的发现。因为如果人们可以将到达欧洲之前就会凝固的生橡胶溶解于醚类化合物或精油中制成溶液的话，就可以像处理胶乳那样处理生橡胶了。干馏煤炭制取焦炭时可以提取到轻油（naphtha），生橡胶也可溶于这种轻油。

在当时的英国，人们为了提取煤气灯使用的煤气而干馏煤炭，干馏后残留的煤焦油和氨通常因没有其他用处而被直接丢弃。苏格兰的化学工程学家查尔斯·麦金托什（Charles Macintosh）生产染料需要用到氨，于是以极低的价格和煤气公司签了合约，也同意了捆绑销售煤焦油的条件。由于购买的煤焦油中所含的轻油很容易挥发，所以可以很轻易地将其分离出来。麦金托什设计出将生橡胶溶解于轻油中制成生橡胶溶液，再利用这种溶液制作防水布的技术方案。他的防水布的制作方法是：将溶于轻油的生橡胶溶液各涂于两张布料的某一面上，当大部分轻油蒸发，橡胶液变得黏稠的时候，将两张布具有黏性的一面贴合按压，就这样放置一段时间，直到轻油彻底蒸发完毕，两张布之间夹有橡胶层、呈三明治构造的防水布便完成了。他用这种方法制造出的防水布取得了专利，并且还取得了将其工业化的成功。

　　进入 19 世纪后，欧洲道路系统变得发达，越来越多的人利用马车旅行，而下雨天则是个麻烦的问题：虽然乘客坐在车厢里不会淋到雨，但坐在外面的车夫却会被雨淋成落汤鸡。麦金托什利用防水布制作出车夫专用的雨衣，这种雨衣开始贩卖后便深受好评。基于这个缘故，在词典中查寻"麦金托什（Macintosh）"这个词时，会出现"涂胶的防水布、防水外套、雨衣"等翻译。虽然麦金托什的雨衣深受大家欢迎，但生橡胶一到夏天就变软，一到寒冬就变硬，开裂的缺陷仍然没有得到解决。

不随温度改变影响弹性的橡胶

雨衣的商品化开启了生橡胶的新用途，但如果不想出防止橡胶随四季温度变化的方法，橡胶的商品化就会被局限。制造出在任何温度条件下都不改变硬度的橡胶是人们长久以来的梦想，而这个梦想在一次非常偶然的事件中实现了。

在美国康涅狄格州经营五金店的查尔斯·古德伊尔（Charles Goodyear）对研究橡胶非常有兴趣。1839 年冬，那是十分寒冷的一天，古德伊尔正在做实验，他将橡胶与硫黄溶解于萜烯（terpene）中，就在这时有客人上门来了。实验中的橡胶与硫黄混合液就这样被古德伊尔忘在了暖炉上，当他接待完客人再回到房间里时，橡胶与硫黄冒着滚滚黑烟，被烧得焦黑。翌日早晨，古德伊尔把昨天实验失败的橡胶拿来看，竟然发现在这样寒冷的冬天里，被扔在房间里一夜不管的橡胶没有变硬。古德伊尔从中迸发灵感，继而不断做实验，他将生橡胶和硫黄混合物加热，最终发明出一种橡胶制造方法。制造出的橡胶不随气温升高而变软、变黏，也不随气温降低而变得硬邦邦，并且能一直保有一定的弹性。

对古德伊尔在什么情况下发现了改良生橡胶物理性质的

方法这一点，各类文献资料上所描述的故事都有些许的出入。但不论是哪一种说法，都会出现"生橡胶""硫黄"以及"暖炉"这三个关键词。换句话说，"将生橡胶与硫黄混合后，放在暖炉上加热"这一事实是公认无误的。不管怎么说，古德伊尔没有忽略这次巧合，他克服了生橡胶商品化上最大的缺点，开发出改良橡胶物理性质的划时代的方法。多年以后，古德伊尔就此在他自己的著作中有如下叙述：

> 我在很久以前就立下了"制作弹性橡胶"的目标，并一直为此努力，我不会放过任何一件跟这个目标相关的事情。那次失败的实验就和"牛顿的苹果"掉下来一样，对一个具备推理精神的人来说，任何可能有益于自己的研究目标的事情，都有可能会是一个引向真相的重要暗示。虽然发明者也认为这些发现并不是一种非常科学的化学研究的结果，但他们不能认同将这种实验结果当作是一种纯巧合，他们主张这是一种经过缜密推理思考后所得到的结果。（科学逸史Ⅳ）

古德伊尔在此之后也继续着他的研究，他将生橡胶与1%～5%浓度的硫黄混合，在加热的同时增大压强，于是他又制造出一种在零下30℃～130℃范围内不随温度改变原有弹性的橡胶。一种既保留生橡胶的大多数特性，但强度又远远超过生橡胶的弹性橡胶便诞生了。

生橡胶与硫黄混合后加热的处理方法被称作"橡胶加硫

法"，这也是橡胶加工技术中最重要的发明。随着加硫法的出现，橡胶才开始引起大家的关注，成为商品开发的对象。人们通过灵活运用弹性橡胶可自由伸缩、可随意弯折、防水、不透气、不导电、受力反弹、不惧摩擦损耗小等特性，制造出以轮胎为首的大量橡胶制品，比如电气绝缘材料、橡胶软管、橡胶滚轮、各种竞技球类、橡皮圈等。可以说橡胶是我们现代文明的基础。

充气橡胶轮胎的登场

充气橡胶轮胎的历史是从 1845 年开始的。这一年，苏格兰的罗伯特·威廉·汤姆森（Robert William Thomson）取得了"改良马车及其他车辆的车轮"的专利。专利的内容是，用涂胶的帆布制作内胎，而内胎则由好几张动物皮制成的保护套包覆着，再用螺丝将这种轮胎钉到木制车轮上锁紧。

安装这种轮胎的车辆于第二年夏天公开发布，并接受了科学测试。其测试结果证明，安装这种轮胎的车辆与过去装置铁轮胎的车辆相比，马车的牵引力在平整光滑的道路上提高了 60%，在凹凸不平的恶劣路况上也提高了 30%。另外，由于充气橡胶轮胎的缓冲作用较好，车轮造成的震动被大幅减轻，乘坐马车的舒适度有了明显的改善。在此基础之上，充气橡胶轮胎在行驶中不会产生噪声，人们对这种安静奔跑的马车感到十分惊讶，于是充气橡胶轮胎一跃成为众人瞩目的焦点。

取得汤姆森的专利实施权的怀特赫斯特公司，于1847年开始出售充气轮胎，但是，4个轮胎要卖44英镑零2先令，对比当时的物价而言，实属相当昂贵的价格。而且安装一个车轮的轮胎要用70个以上的螺丝才能固定牢固，工序十分烦琐。所以，当时仅有一部分马车安装了充气轮胎，而充气轮胎也逐渐被人们所淡忘（引自《汽车的发展史 下》）。

继汤姆森之后再度挑战充气轮胎的是之前提到过的苏格兰人邓禄普。前文曾提到过，那个时代的自行车的钢制车轮是由细铁棒做成的辐条支撑着的，而这种钢制车轮上装置的是硬质实心轮胎。因此，这种自行车的缓冲性不好，骑起来和爆胎的自行车一样，非常不舒适。某日，邓禄普听他十岁的儿子抱怨说，"在（铺得不是太好的）街道上骑自行车跑来跑去是件非常痛苦的事"，于是他开始正式着手改良轮胎。1888年，邓禄普注册了"充气轮胎"的专利。专利的内容是"利用橡胶与布料，或其他适当的材料制作中空的内胎或轮胎，再以适当的方法安装到车轮上"。他不断地改良充气轮胎，研发出以帆布缠绕外圈的形式将充了气的内胎加以固定的技术，并成功地将其方法实用化。

在第二年的自行车竞赛上就出现了采用邓禄普所发明的轮胎的选手。因在过去的比赛中受伤而考虑过隐退的选手 W. 修姆（W.Hume）骑着装有邓禄普轮胎的自行车出场，完全不把使用硬质实心轮胎当作王道的克劳斯三兄弟放在眼里，结果四战全胜，大快人心。邓禄普的充气轮胎的卓越性立刻掀起了轮胎革命，在英国尽人皆知。

克劳斯三兄弟的父亲尽管在比赛中败北，但他从失败中汲取了经验，并将其灵活应用到事业中。同年，他立刻成为出资合伙人，和邓禄普一起，在爱尔兰的都柏林共同设立了充气轮胎制造公司 "The Pneumatic Tyre and Booth's Cycle Agency"，开始贩卖充气轮胎。该公司于 1900 年更名为 "邓禄普橡胶公司（Dunlop Rubber Company）"，发展至今，也就是现在著名的 "邓禄普飞劲轮胎公司（Dunlop Falken Tire）"。

汽车用的充气轮胎

第一辆汽油发动机汽车是 1885 年由德国的卡尔·弗里德里希·奔驰（Karl Friedrich Benz）发明的三轮汽车。第二年，也就是 1886 年，同样来自德国的戈特利布·戴姆勒（Gottlieb Daimler）发明了装载汽油发动机的四轮汽车。

虽然以三轮汽车还是四轮汽车来界定世界上的第一辆汽车仍然存在争议，但以汽油为动力的汽车诞生于 1885 年或 1886 年，这一点毋庸置疑。

当时的汽车使用的轮胎与马车的车轮一样，是橡胶硬质实心轮胎。因此，由于行驶时缓冲性本就不好，再加上那个年代的道路通常路况不佳，时速一旦达到 20 公里，车子就会被震得像快要散架似的。

因此，人们开始致力于研究如何将自行车业界大获成功的充气轮胎安装到刚刚问世的汽油引擎的汽车上。汽车的重量当然不能和自行车比，所以人们面临的最大难题是如何制造出能承受汽车车体重量的充气轮胎。在克服了重重困难以后，第一个成功为汽车装上充气轮胎的是法国的米其林兄弟，即安德烈·米其林（André Michelin）与爱德华·米其林（Édouard Michelin）二人。1895 年，在法国举行了全球第二届汽车竞赛，设置了从巴黎至波尔多来回长达 1192 公里的赛道。米其林兄弟在标致汽车公司的闪电号（Éclair）车体上安装了刚刚研发出的汽车用充气轮胎，然后参加了比赛。

由于路况恶劣，闪电号在抵达终点前发生了 22 次爆胎，而且每次爆胎后都必须重新更换轮胎，所以当闪电号最终抵达终点时，比起冠军车多花了近 1 倍的时间。尽管如此，米其林兄弟所驾驶的闪电号在所有完成比赛的 19 辆车中排名第 12 位，途中还留下了时速 61 公里的记录。由于当时冠

军车的平均时速也仅仅是 24 公里，所以时速高达 61 公里的记录让比赛相关人员十分惊讶。因为这个缘故，在隔年举办的巴黎至马赛港的比赛中，参赛车辆几乎都安装了充气轮胎来比赛。在此之后的几年间，汽车的轮胎全部统一改用充气轮胎，到 20 世纪初，装置充气轮胎、以汽油发动机为动力的现代汽车原型便基本发展完成了。回顾这段历史，我们可以说，橡胶工业的发展奠定了汽车制造业发展的基础。

建立汽车社会的黑色轮胎

自从充气轮胎变成汽车必需品后，强化与改良耐磨损性等轮胎所必需的物理特性便成为各大轮胎制造商研究开发的重中之重，且制造商之间竞争激烈。1900 年，英国的橡胶公司"银镇（Silver Town）"的马达工程师为了从外观上能更直观地分辨出轮胎的种类，于是根据轮胎种类的不同分别在轮胎上使用不同的颜色，并在制造轮胎时加入炭黑（carbon black），制作出黑色轮胎。炭黑是一种分子非常细小的碳粒子，简单来说就是"碳粉"。19 世纪末，一家美国的公司通过燃烧天然气的方式来提取炭黑，然后将其作为印刷墨水的原材料对外出售。

在黑色轮胎诞生以前，用天然橡胶制成的轮胎一般呈胶乳原色，即奶油色。根据马达工程师的想法制造出黑色轮胎后，正如他所预想的那样，轮胎种类变得容易分辨了，但将轮胎染成黑色的功效却不止于此。比起通过外观使鉴别种类变得方便而言，其实将轮胎染黑还有另一种显著的效果，那就是：混合了炭黑的黑色轮胎的耐磨损性直接提高了 10 倍以上。

若直接将生橡胶混合硫黄制成的加硫橡胶制作成轮胎使用，轮胎很容易受到严重磨损。在以加硫轮胎为主流的那个年代，轮胎的损耗十分严重，且经常发生爆胎，所以在行驶数千公里后就必须更换新的汽车轮胎。在混合加入炭黑之后，轮胎耐磨损性得以提高，之后制作出的轮胎行驶的距离可达数万公里，是以往的 10 倍。要是没有这种黑色轮胎的存在，汽车一定不能像现在这样普及，汽车社会也不会如此发达了吧。

为了加强轮胎的耐磨损性，人们在制作轮胎的橡胶中加入了和生橡胶几乎等量的炭黑，而这种提高橡胶强度的工艺就被称作"补强"。炭黑是作为补强材料最适合的选择，至今也没有出现比炭黑更适合的补强材料。大部分轮胎之所以都是黑色的，正是因为都加入了炭黑进行补强的缘故。

现在，虽然偶尔也能看到白色或其他颜色的轮胎，在这些轮胎中也加入了替代炭黑的碳酸钙等补强材料，但包括碳酸钙在内的这些除炭黑以外的补强材料，其补强效果明显低于炭黑。由于彩色轮胎的耐磨损性较差，所以现在除了特殊的某些场合外，基本不使用彩色轮胎了。

从亚马孙热带雨林传入东南亚

从三叶橡胶树上采集的橡胶树树汁

随着汽车、电器制品等工业制品在日常生活中占据的分量越来越重，橡胶的用途也被迅速拓宽。就算是在合成橡胶生产量超过天然橡胶生产量的现在（2009 年度），从三叶橡胶树上采收的天然橡胶每年也高达 960 万吨。

全球含有一定天然橡胶成分的植物存在 500 种以上。折断蒲公英的茎和无花果的枝干时都会分泌出白色树汁，而这些树汁中就含有少量天然橡胶成分。平时我们所看到的观叶植物中有一种"橡胶树"，叫作印度橡胶树，是一种原产于印度北部以及马来半岛的桑科植物，与原产于亚马孙河流域的三叶橡胶树在分类学上从属不同的科。在过去，人们曾想要从印度橡胶树上采集橡胶，于是在印度尼西亚种植印度橡胶树，但由于获取的橡胶品质不好，而且可收集的树汁量也极少，所以现在已经没有人使用印度橡胶树来生产天然橡胶了。哥伦布在伊斯帕尼奥拉岛首次接触到的橡胶球所使用的橡胶是从和印度橡胶树同属桑科的巴拿马橡胶树上采集的。

通常人们采集橡胶所使用的橡胶树是原产于南美亚马孙河流域的三叶橡胶树。由于刚开始生产橡胶时，从树上采集的生橡胶都是从亚马孙河河口的帕拉港（现在的贝伦）运往世界各地，所以三叶橡胶树[1]的名字取自港口的名称。三叶橡胶树属大戟科（Euphorbiaceae），学名为"*Hevea brasiliensis*"，直至今日，从三叶橡胶树上采集到的生橡胶的品质仍然被公认是最好的。

19 世纪前，所有的生橡胶都是从亚马孙河流域上野生的三叶橡胶树上采集的，并经帕拉港出口运输至各地。当时作为橡胶贸易中心的玛瑙斯市（Manaus），位于从河口出口橡胶的帕拉港沿着上游行驶 1 000 多公里的热带雨林中。随着汽车的普及，橡胶供给的需求变得迫切，生橡胶的价格高居不下。橡胶制造商纷纷从世界各地赶来，齐聚于玛瑙斯市，形成一股比"淘金热"还要"热"的"淘橡胶热"风潮，这让当时的玛瑙斯市成为全球最富饶的城市。

当时采集橡胶树汁的方法和现在这种在树皮上轻轻割一刀取其流出的汁液的方法不同，有的干脆直接用砍刀乱砍树

1　三叶橡胶树即"Para rubber tree"，取帕拉港的"Pará"音。——译者注

三叶橡胶树。树高 20 ~ 30 米，叶片如同三叶草，由3片叶面构成一枚叶片。（图片提供：朝日新闻社）

皮采收橡胶，由于采收方式极其粗暴，导致了大量橡胶树的枯死。更有甚者，还出现了直接砍倒橡胶树收集树汁的极端方法。三叶橡胶树于亚马孙森林中，也仅是每平方公里生长出几棵的密度而已。于是要收集到数量庞大的三叶橡胶树树汁的话，必须长时间在热带雨林中跋涉找寻，从而需要大量的人力。

虽然亚马孙森林非常广袤，但人类能够涉足的范围却十分有限。不仅如此，粗暴地采集胶乳直接导致橡胶树的陆续死亡，三叶橡胶树的生长数量也越来越少，被橡胶制造商雇佣的原住民为了采集胶乳所步行的距离也日益增加。由于劳动者每人每天都要负责采集 150 棵三叶橡胶树，一天下来，步行距离达到 30 公里，不堪重负而因此丧命的原住民人数也在攀升。1900 年至 1911 年，共采收了 4 000 吨胶乳，其中有 30 000 原住民劳动者为此丢了性命。这一事实被公开后，全球纷纷对橡胶制造商发起谴责。于是在 1911 年，巴西的橡胶出口量急剧下降。

◇◇◇◇◇◇◇◇◇◇◇◇◇◇◇◇◇◇◇◇◇

被频繁偷渡的三叶橡胶树种子

作为世界工厂称霸全球的英国，到了 19 世纪后期，各项产业面临美国和德国紧紧追赶的压力，曾经引以为豪的繁荣经济开始蒙上一层阴影。当时的英国支配着许多不发达的国家，命令殖民的国家大规模种植棉花、咖啡、茶叶等，再出口这些商品用以发展英国经济，也就是实施所谓的殖民地政策。英国于东南亚殖民地种植的咖啡、茶叶、金鸡纳树等皆大获成功，积累了丰富的经验。负责管理英国殖民地相关事项的印度部，决定实施的殖民政策的其中一项就是将三叶橡胶树往东南亚移植，生产橡胶。付诸实施后遇到的第一个问题就是，必须从巴西将三叶橡胶树的种子带出来。

在当时，要把三叶橡胶树的种子收集起来运往英国并非易事，主要有两个原因。尽管巴西的橡胶生产量已经捉襟见肘，到达极限，但汽车工业的发展导致对橡胶的需求一直在上升。轮胎制造商和橡胶加工厂正为了能得到更多作为原材料的生橡胶而苦恼万分，所以进入 19 世纪后，生橡胶的价格也一直在暴涨。三叶橡胶树的种子要是被带往海外，那么巴西一直以来独占橡胶贸易的利益必然会蒙受损失，所以巴西政府严禁偷渡三叶橡胶树的种子出境，并严格执行监管。这是其中一个主要的原因。

另一个原因是，三叶橡胶树种子的生存期限十分短暂。通常种子成熟后会自然从树上散落，两周后就有一半的种子发不出芽了，一个月后几乎所有的种子都会因不发芽而直接报废。假设能够成功将种子从巴西偷渡出国，那么接下来的关键问题就在于从巴西航行至英国的航海天数与种子的寿命天数哪个比较长，这是一个听天由命的问题。在此之前，英国政府也曾经尝试过好几次偷偷将种子带出运往英国，但每次都因为种子发不出芽而以失败告终。

1876 年 3 月，英国探险家亨利·威克姆（Henry Wickham）接受了英国政府的委托，成功收集了 70 000 颗三叶橡胶树的种子。他在装满橡胶树种子的筐子上贴上了"献给维多利亚女王皇家植物园优雅而美丽的植物标本"的标签，利用直达英国的"亚马孙号"，骗过了巴西海关，成功将种子装箱上船。

在抵达利物浦港后，种子被立马转移至特快列车上运往伦敦，出站以后便利用出租车连夜运往皇家植物园。随即将这 70 000 粒种子播种在早已作好准备的植物园温室内，幸运的是，其中有 2 625 颗种子成功发芽。到了第二年，也就是 1877 年，有 1 700 棵树苗被运往锡兰岛（现在的斯里兰卡）。这些树苗与其他一些当年运往新加坡植物园的树苗一起，拉开了东南亚橡胶种植的序幕。

在东南亚发展的橡胶园

在 19 世纪末，马来半岛虽然已经开始种植三叶橡胶树，但并没有立刻带动这个地区经济的发展。当时马来半岛的主要产业是以采锡矿为主的矿业和咖啡种植业，农场主们对种植三叶橡胶树也提不起兴趣。于是新加坡皇家植物园的园长亨利·尼古拉斯·里德利（Henry Nicholas Ridley）不厌其烦地向大家推广说明橡胶种植的好处，一点一点地改变了大家对种植橡胶树的看法，最终种植橡胶树的农场主变得多了起来。

人们对汽车轮胎使用的橡胶的需求越来越大，但巴西的橡胶生产量却开始有倒退的倾向。于是在 1910 年的伦敦与纽约的橡胶市场上，出现了生橡胶交易史上的最高价格。有鉴于此，那些听从里德利的建议，提前种植橡胶的农场主们获得了高额收益。

受到利益的刺激，马来半岛的农场主中，改种橡胶树

在距离地面1米处割开树皮，收集滴落的胶乳。（©HIROSHI WATANABE/SEBUN PHOTO/amanaimages）

的人数突增。1910 年至 1912 年的这两年，每年有 1 200 平方千米的原始森林被开垦成新的橡胶园。在 1889 年生橡胶产量仅为 4 吨的马来半岛，其生橡胶产量在 20 年后竟超越巴西；1922 年，橡胶产量已经占全球橡胶总产量的 93%；1932 年，生产量更是增长达到 100 万吨以上，占全球总量的 98%。从 1900 年马来半岛正式生产橡胶起，到第二次世界大战日本占领统治马来半岛为止，英国一直独占着作为殖民地的马来半岛生产的天然橡胶。

另一方面，一直致力于推广普及橡胶种植的里德利对于三叶橡胶树分泌树汁的部位，进行了学术研究。要是像亚马孙的原住民那样，用砍刀凭感觉乱砍橡胶树的话，不仅橡胶树会受到伤害，降低生橡胶的产量，还有可能会导致最坏的情况——橡胶树枯死。他发现，三叶橡胶树的树皮往内1厘米左右的地方有储存着树汁的管道，只要切开这根管道，树汁就会流出来。树皮要是割太浅，则收集不到足够的树汁；要是割太深，则会伤及植物生长的重要部位，致使树木枯死。他发明的方法是，每天在树皮上割一道浅浅的口子循序渐进地收集树汁，即连续割胶法。被割开口子的地方会被树皮覆盖重新生长，6～7年后又可以再重新割胶。直到现在，东南亚国家的橡胶树汁都是通过这种连续割胶法采集的。

　　东南亚的橡胶园内所种植的三叶橡胶树都是威克姆当年从亚马孙收集到的种子的后代。在那之后，也有人在亚马孙各地区采收三叶橡胶树的种子，但经调查发现，这些后来采收到的种子当中，没有比当初威克姆收集的种子品质更好的了。

变化的天然橡胶生产地图

　　东南亚的橡胶种植区域逐渐扩张，如今泰国、印度尼西亚、印度、马来西亚等已经成为天然橡胶的主要生产国。其中，泰国的天然橡胶生产量急速攀升，1990年以后，泰国的橡胶产量位居世界第一，占全球产量的三分之一。天然橡胶产量曾长期领先于世界其他国家的马来西亚，其第一产业则随着工业发展而式微，在 1991 年被印度尼西亚超越，现为世界第三的橡胶生产国。上述三个国家再加上印度，它们的天然橡胶生产量占全球产量的 75% 以上。另一方面，曾经的橡胶王国巴西的生产量仅占全球产量的 1%。

直到第二次世界大战前，英国一直独占着东南亚的天然橡胶，于是被称作汽车大王的美国人亨利·福特（Henry Ford）想出了一个计划，即在亚马孙的一块 800 万平方千米的未开发的土地上开垦农场，种植三叶橡胶树为自己公司提供生橡胶，想好后便立即付诸行动。在三叶橡胶树的原产地上种植三叶橡胶树，任谁都觉得一定会成功。孰料这些农场中种植的橡胶树纷纷感染上一种本土的霉菌，患上"南美叶疫病"而逐渐枯死。于是福特也不得不在 1945 年放弃在亚马孙的橡胶种植，终止这项事业。亚马孙流域虽然是三叶橡胶树的原产地，但也存在着三叶橡胶树的最大天敌——霉菌。

꧁꧂꧁꧂꧁꧂꧁꧂꧁꧂

战争发明了合成橡胶

进入 20 世纪后，汽车轮胎和电器绝缘材料等以橡胶为原料的产业继续突飞猛进地发展，使得天然橡胶的供给时常供不应求。因此，不曾拥有殖民地提供天然橡胶的德国和美国大力推进天然橡胶的替代品，也就是合成橡胶的研究。合成橡胶的研究在1910年的德国达到顶峰，其制作出的合成橡胶的品质也相当出色，但是，还是存在价格高昂、制作周期长等难以解决的问题，不能完全取代天然橡胶。

1914年，第一次世界大战爆发，英国舰队封锁了德国海岸，德国的橡胶供给被阻断。在当时的战场上，坦克、飞机、运输用的卡车已投入使用，要是这些装备没有了橡胶，也就是没有轮胎的话，就无法发挥出战斗力。在这种状况下，德国加快了对合成橡胶的研究。这个时候的德国，已经通过发酵马铃薯，再经过多次化学反应后，制作出二甲基丁二烯橡胶并将其投入使用。这种合成橡胶虽然作为电器的绝缘材料非常合适，可惜到了寒冬就会变硬，而且作为卡车轮胎使用的话强度不足。虽然大战中的德国生产了共计2 300吨的二甲基丁二烯橡胶，但这些合成橡胶在品质上仍劣于天然橡胶，所以在发明出卓越的新合成橡胶后，二甲基丁二烯橡胶便消失了踪迹。

在率先研究合成橡胶的德国，1933年法本公司（I.G. Farbenindustrie AG）从煤炭和生石灰中提取出丁二烯和苯乙烯，并将这两种物质作为原料开发制作出一种叫作"Buna-S"的合成橡胶，即一种丁苯橡胶。Buna-S橡胶具备汽车轮胎所使用的橡胶的所有特性，品质较好。隔年，也就是 1934 年，具备耐油性的合成橡胶"Buna-N"也被成功开发出来。当时执政的希特勒深刻地意识到橡胶对战争的重要性，曾夸口说道："德国怎么可能会缺少军事用的橡胶！"1937 年，Buna-S 橡胶的月产量为 25 吨，而在第二次世界大战期间的 1943 年，其生产量高达 11 万吨。

美国的合成橡胶研究也因战争的爆发而加快了速度。在第二次世界大战以前，美国一直从英国进口天然橡胶，用于制造汽车轮胎和军需的橡胶也比较充足，同时也从德国进口了 Buna-S 橡胶，但是第二次世界大战爆发以后，1942 年日军占领了马来半岛、爪哇岛和苏门答腊岛等，美国进口天然橡胶的路线被彻底阻断。另外，也不可能从此时已为敌国的德国进口合成橡胶了。

在这个时代背景下，美国的罗斯福总统颁布了"在国家的管理下大力推进合成橡胶的开发"这一总统命令，并随即付诸实施。在短时间内，美国开发出"Buna"系列的合成橡胶，并在第二次世界大战结束的 1945 年，其生产量达到了 82 万吨。在第二次世界大战结束 10 年后的 1955 年，这些合成橡胶的生产转移至民间，美国的合成橡胶以及相关制造技术开始出口至世界各国。合成橡胶的生产量逐年上升，到 2009 年，天然橡胶的生产量为 960 万吨，而合成橡胶的生产量为 1 200 万吨。

合成橡胶可以根据使用目的，制造出某种与之相适应的特性，这是天然橡胶所不具备的优势。但是，合成橡胶也存在着改良某方面特性会导致其他特性减弱的问题。然而天然橡胶在去掉任何一种特性后也能保证其他特性维持 80% 左右的稳定度。虽然人们会根据用途分别使用天然橡胶与合成橡胶，但仍然存在两个使用领域，是合成橡胶完全无法替代天然橡胶的。其中一个就是飞机轮胎，飞机轮胎要在 10 000 米高空中承受零下 60 ℃～零下 50 ℃的低温，着陆时又要承受几近冒烟的高温；在承受这两种极端温度的同时，还要经得起飞机起飞和降落时带来的强烈冲击，这些唯有天然橡胶才做得到。另一个领域就是作为预防艾滋病王牌的避孕套，避孕套不容许存在小孔，也不能在使用中产生破损，还要维持 0.03 毫米的薄度，这也只有天然橡胶才能做得到。

橡胶除轮胎之外的用途

有 80% 的天然橡胶都被用于制作轮胎，余下的 20% 被应用在各个不同的领域，维持着现代社会的便利。橡胶历来是用于制作电线和电缆的绝缘材料，换句话说，凡是涉及用电的地方，就会用到橡胶。工业领域自不必说，我们的生活中也到处可见橡胶的踪影，比如电灯、电视、冰箱、计算机等，几乎涉及我们生活中的方方面面。要是没有橡胶这种绝缘材料，电流将是一种非常危险的存在。从工业用的机器到家用电器，各种用电的器械类绝对不会像现在这样普及。

另一方面，除了轮胎，汽车的各个零部件也会用到橡胶。其中，与生命安全息息相关的防护部件使用到橡胶的地方尤其多。比如要是汽油管出现了问题，会存在漏油的危险；要是制动液漏液的话可能会引发车祸；发动机支架要是坏掉了，发动机则会发出"咯哒咯哒"的声音导致无法行驶。除此之外，减震橡胶、油封、车门周围的填充物等都要使用橡胶，组成一辆汽车所必需的零部件中会用到无数的橡胶制品。

在工业和农业领域中，流水作业会用到的用于传送零部件、产品以及搬运砂土的传送带是橡胶做的。为传送带送去动力的滚轴也是橡胶做的，此外，还有造纸用的滚轴、纺织用的滚轴、印刷用的滚轴，甚至是身边随处可见的打印机的送纸滚轴等，橡胶制的滚轴在我们的生活中被广泛利用，带给我们生活的便利。

橡胶具有其他材料所不具备的弹性，利用这种弹性我们可以制作出各种球类运动使用的球。没有使用橡胶的球类运动大概就只有乒乓球了吧。棒球、足球、网球、橄榄球、高尔夫球、排球等，不论是哪种比赛，要是球没有弹性，那么这些比赛都无法成立。击球也好，踢球也罢，要是那个球跳不起来，或是落下之后不再反弹，不论是对观众还是对球员自己来说，比赛的乐趣岂止是大打折扣，甚至基本上就没有什么乐趣可言了。假设我们制作不出具有弹性的球类，这些球类运动均不存在，那么我们可以欣赏的运动赛事就只剩下田径、游泳等竞赛项目，以及相扑、柔道、拳击等格斗项目了。就观赏性和娱乐性而言，这些运动项目远没有球类运动对观众的吸引力高。难以想象，要是没有橡胶，也就是没有具有弹性的球类，夏天的甲子园大会就无法举行，我们也无法再为足球的世界杯而激动，人类的体育与娱乐的形态也会和现在大不相同。

除此之外，橡胶在这些我们日常生活所看不到的地方也扮演着十分重要的角色，给我们的生活带来了极大的便利，像在建筑界被称作免震建筑的新型施工方法会用到的橡胶制品、防止水面油污扩散会用到的橡胶围油栏、医疗行业会用到的内窥镜和手术专用手套等。毫无疑问，橡胶早已成为现代文明的重要支柱。

甜点之王——巧克力

第三章

巧克力在过去曾是饮料

∞∞∞∞∞∞∞∞∞∞∞∞∞∞∞

可可豆到底是什么豆

要是这个世界上没有了甜点，好像人们也并不是就活不下去了，但是，在没有甜点的日子里，生活变得枯燥无趣，家里有小孩的妈妈们也会为每天的下午茶时间感到头疼吧。甜点能给人带来快乐和梦想，让人们感到心灵的满足。有鉴于此，超市货柜上才会陈列着不计其数的甜点。在这之中，被称作"甜点之王"，深受全世界人喜欢的便是巧克力了。巧克力不仅能让小朋友的心为之怦怦直跳，就连大人们有时候也被它不可思议的魅力所折服。

受到全世界人喜爱的巧克力到底是用什么做的呢？巧克力很甜，因此首先可以确定的是里面一定使用了砂糖；有些又称为牛奶巧克力，里面肯定也含有乳制品；它呈现出很深的焦茶色，味稍苦，入口即化，发挥出以上特性的原料便是可可豆。可可豆（cacao bean）虽然是全球通用的名称，但它在分类学上并不像大豆和蚕豆那样属豆科。实际上，可可树上结出的果实里面的种子才被称作可可豆。

当我们说到原产于新大陆的植物时，不得不提中美洲（Mesoamerica）这个非常重要的地区。中美洲不仅包括了从墨西哥中部至哥斯达黎加的地区，还是出现过特奥蒂瓦坎（Teotihuacán）文明、玛雅文明、阿兹特克文明等高度发达的古代文明之地。

巧克力的历史要追溯到公元前1000年的中美洲。最先种植可可树、利用巧克力原料可可豆的人，是最先建立起中美洲最初的文明，即奥尔梅克（Olmeca）文明的族人。考古学家在玛雅族的遗迹中曾发现过描绘有可可树的陶器。另外，在他们留下来的象形文字中，也有记录在平整的石板上用杵研磨可可豆的场面。由此可见，在那之后兴盛起来的玛雅文明从奥尔梅克文明中传承了完整的可可豆种植以及加工技术。另外，玛雅人会将可可豆炒过之后进行研磨，再用开水化开，放入各种各样的材料并把它们充分混合，将其做成一种浓稠的温热饮料喝。这种巧克力饮料含有宗教意味，是一种对玛雅族而言非常重要的饮料。到了14世纪左右，出现于墨西哥中央高原的阿兹特克文明，也完全继承了玛雅人制作巧克力的技术。

在热带雨林中生长的可可树

可可树高 10 ～ 13 米，原产于亚马孙河的上游地区，生长于树高皆为 30 ～ 40 米的热带雨林当中。可可树不喜欢阳光直射的地方，而热带雨林刚好可以为其提供树荫，自然是最适合可可树生长的环境。可可树本来是从亚马孙河上游一路散播生长至中南美各地，但某些地区的可可树因染病而全部死亡。此外，受到水土不服等因素的影响，导致现在野生的可可树仅生存于中美洲和南美洲的委内瑞拉以及厄瓜多尔。可可树必须生长在北纬 20 度至南纬 20 度这个范围内，海拔 300 米以下，全年气温维持在 20 ～ 30 摄氏度，且全年降水量超过 1 300 毫米的自然环境中。换言之，也就是高温潮湿的热带气候地区。

可可树的开花方式可以说超乎所有人的想象，平时生活中常见的树木开花，一般花朵都是在枝头绽放，而可可树的花却会开在树干和粗壮的树枝上，并且一年四季都开着花。一棵可可树一年会开约 1 万朵花，而经授粉结果的却仅有 50 朵左右。可可树结出的果实直径约 15 厘米，长约 25 厘米，外观呈橄榄球的形状，直接垂挂在树干或粗壮的树枝上。这其实是一种热带植物常见的开花结果方式，但第一次见的人一定会觉得大开眼界，感到十分惊奇。

从树干上直接垂挂下来的可可树果实。（©PANA）

被称作分类学之父的瑞典植物学家卡尔·冯·林奈（Carl von Linné）为可可树取的学名为"*Theobroma cacao*"。在希腊语中，"theo"代表"神"，"broma"则代表"食物"。那么林奈为什么会给可可树取名为"诸神之食"呢？在当时的阿兹特克社会，只有王侯贵族与骁勇善战的战士才能品尝到巧克力的味道，林奈也许是考虑到这一点才将可可树命名为"诸神之食"的吧。用可可豆制成的巧克力在今天被人们称为"甜点之王"，所以"诸神之食"这个学名它也算是当之无愧。

可可豆的采集方法

可可树的果实外面包覆着一层坚硬的果皮。割开果皮就能看到里面酸甜多汁的果肉，内含 30 ～ 50 颗种子，这些种子便是可可豆。可可豆被胶状的果肉紧紧包在里面，要想徒手取出可可豆绝非易事。不知从何时开始，人们将果实中掏出的果肉放进巨大的木箱中，待其自然发酵，果肉液化，便能很轻松地将里面的可可豆分离出来。

这道发酵的工序不仅仅是为了从果肉中轻松取出可可豆，在果肉开始发酵的同时，可可豆会跟着发芽。随着发酵的进行，箱内温度会上升至 50 摄氏度左右，产生的醋酸酸度也会上升。在开始发酵的第二天，受到高温与醋酸的影响，好不容易发芽的可可豆便会陆续死亡。发芽隔天便死亡，乍看之下这似乎是一个徒劳无功的过程，但对巧克力的风味来说，却是至关重要的一步，发芽具有关键性的意义。要是使用没有发过芽的可可豆，无论怎么加工也无法将其制成美味的巧克力。不仅如此，在发酵期间，可可豆的涩味会消失，色泽也会变得更加的"巧克力"。巧克力的香气也是在这个阶段初步产生的。

经过发酵后取出的可可豆含有约 55% 的水分，所以要将它们放在阳光下晒干。根据天气状况，大概一到两周的时间可以完成干燥过程。晒干后，可可豆的质量便只剩干燥前的一半，也就是说将可可豆干燥到水分含量仅剩 5% ~ 7% 的程度。只有干燥到这样的程度，可可豆才能方便被长期保存。之后以每 60 千克装一麻袋进行分装，最后再出口至各个消费国家。

至今不变的可可豆处理方法

不论是做成阿兹特克时代的巧克力饮料也好，还是加工成现代风的巧克力块也罢，为了呈现出巧克力的美味与香气，烘焙可可豆是绝对必要的，这也是决定巧克力风味至关重要的一道工序。烘焙可可豆时，可可豆内部会发生各种各样的反应。比如苦味会减弱，具有挥发性的酸会散发出来等，而且在这个阶段，会产生巧克力特有的香气。随着烘焙，可可豆所含的水分会降低至 1% 的程度，豆子也会变成巧克力特有的深茶褐色。

烤制好的可可豆会被碾碎，利用风力从果实的碎颗粒中分离出会干扰巧克力制作的外壳和胚芽。这些果实碎颗粒是制作巧克力的原料，其中含有 55% 左右的被称作可可脂（cocoa butter）的脂肪，在 30 摄氏度以上的温度下会变成一种黏稠的糊状物，这种茶褐色的糊状物在专业术语中被叫

18世纪的巧克力工厂。可可豆的基本处理法和玛雅时代完全相同。

作可可膏（cacao mass）。不论是做饮料，还是加工巧克力块，可可膏都是制作巧克力的第一步。

收获可可树的果实后，让果肉"发酵"并取出可可豆，利用阳光"晒干"，"烘焙"已晒干的可可豆让其发挥出巧克力的特色，再"风选"磨碎的可可豆，从果实碎颗粒中去除胶状夹杂物以及胚芽。从收获可可树上的果实到制作出可可膏，这一连串的过程大致上就是由以上四道工序构成的。就目前所知来看，自居住于墨西哥南部的奥尔梅克人开始食用巧克力以来，虽然现在的制作技术日新月异，但在三千多年后的今天，这四道工序基本上也没有发生什么改变。

巧克力在阿兹特克帝国是高贵的饮品

阿兹特克族如同玛雅族一样，也把可可豆当作制作饮料的原料，但那种饮料与我们现代社会所说的巧克力饮料或者朱古力饮料是截然不同的东西。那时的人们将烘焙后磨碎的可可豆溶于水中，再往里面加上玉米粉、辣椒、香草等，使用专用的打泡器打出泡沫后饮用。

正如笔者前文所述，在阿兹特克帝国，饮用可可豆制成的巧克力饮料是身份高贵的王公贵族以及战士的特权；而且像欧美国家的晚宴在餐后提供白兰地和波特酒那样，巧克力也是在晚餐的最后才提供的饮料。据说阿兹特克帝国最后的国王蒙特祖玛二世（Moctezuma Ⅱ）特别喜欢这种可可豆做的饮料，每天都用他的黄金酒杯大量饮用。消灭阿兹特克帝国的埃尔南·科尔特斯的部下伯纳尔·迪亚斯（Bernal Díaz）在著书中曾对蒙特祖玛二世饮用巧克力饮料的情形有如下描述：

> 时不时就有仆人将盛满可可豆饮料的纯金酒杯端到国王面前。那不过是为了讨女人喜欢，所以我们也就没有再继续深究，但是，据我所看到的，国王直接就着巨大的水壶喝了1壶（相当于50杯）浮着泡沫的上乘可可饮料。

（引自《巧克力的历史》）

　　在一开始的时候，西班牙人并不习惯喝这种巧克力饮料，大部分人都觉得"巧克力与其说是给人喝的还不如说是喂猪的更合适。我来到这个国家已经一年多了，一点也不想喝巧克力饮料"，甚至还很反感，但是一旦喝习惯之后，又会觉得"只是微微有些苦味，十分滋补，让人备感精神却又不会醉倒"，评价有所反转。率军攻打阿兹特克帝国的科尔特斯是最早发现巧克力功效的人，他甚至说，"只要喝一杯巧克力，就算不吃东西也可以有充足的体力来持续步行一整天"，还强制性地要求部下都要饮用巧克力。

　　阿兹特克族与玛雅族一样，也将可可豆用于货币的流通。根据 1525 年的物价情况，买一个南瓜需要 4 颗可可豆，买一只兔子需要 10 颗，买一个勤劳肯干的奴隶则需要 100 颗。有鉴于此，我们可以看出可可豆是十分贵重的东西，所以用其加工而成的巧克力饮料不是任何人都能喝到的，在没有许可的情况下喝巧克力的话，甚至有可能会丢了性命。

阿兹特克帝国的首都特诺奇蒂特兰（Tenochtitlan）所在的墨西哥中央高原地区，如同现在的墨西哥城的天气一般，盛夏时节的月平均气温和日本的稚内市差不多，不到 20 摄氏度，而且全年降水量也远不及 1 000 毫米。这样的气温和降水量完全不符合可可树对生长环境的要求，所以根本指望不上在首都周边能收获可可豆，而可可豆作为向阿兹特克帝国进献的重要贡品，每个被占领的周边民族都有义务向首都贡献可可豆。根据当时的贡品清单，首都特诺奇蒂特兰每年共收入 980 袋的可可豆，而 1 袋约装了 24 000 颗可可豆。

欧洲与可可豆的相遇

欧洲人中最初看到可可豆的是哥伦布一行人，记录他第一次航海过程的《哥伦布航海日记》中曾描述了当时的状况。这本书是由巴托洛梅·德·拉斯·卡萨斯神父（Fray Bartolome de las Casas）根据哥伦布的航海日志摘录而成，同时也是仅有的一本现存于世的哥伦布航海记录。1492 年

12 月 22 日，书中对伊斯帕尼奥拉岛的酋长一行人造访哥伦布舰队的情形有以下描述：

> 这一天有 120 艘以上的独木舟（canoa，原住民使用的一种小船）向母舰驶来，每艘船上都挤满了人，他们每一个人手里都拿着面包、鱼、装满水的陶罐、做香料的树木果实等。他们将一粒树木果实放入碗中加水喝，与司令（指哥伦布）同行的印第安人都说这是非常有利于健康的东西。

在《哥伦布航海日记》的注解中，有一条"（碗中放入的可饮用的树木果实是）可可豆"的解说，这便是欧洲人与可可豆的初次接触，而当时的哥伦布并不知道这种树木果实对原住民来说具有怎样的价值。

欧洲人认识到可可豆的价值是在哥伦布最后的新大陆之行中，即在他第四次航海的时候。距离洪都拉斯 50 千米左右的海面上有一片海岛，也就是现在的巴伊亚群岛（Islas de la Bahia），哥伦布一行人抛下了船锚，登上了群岛之一的圭那亚岛（Guanaja）。1502 年 8 月 15 日，他们缴获了出现在圭那亚岛海域的玛雅族的大型贸易船，装载的货物中有镶有黑曜石刀刃的棍棒武器、棉布衣物等，其中还包括可可豆。哥伦布的二儿子费迪南德·哥伦布（Ferdinando Columbus）在其著书《克里斯托弗·哥伦布司令的历史》中，关于当时的可可豆有如下描述：

船上发现了很多杏仁（在这里指的是可可豆）。这些杏仁对玛雅人来说好像是十分珍贵的东西，当我们将它们和各种物资一起搬运到我们船上时，有几颗不小心掉落，玛雅人看到之后，就像掉下的是眼珠子一样，纷纷惊慌失措地趴下去捡。

（《巧克力的历史》）

虽然哥伦布直到离开人世前都不知道只有高贵的人才能被允许饮用可可豆做成的饮料，也不知道可可豆可以用于购买物资，具有货币价值，但根据他所目击到的情况能了解到的是，这种"杏仁"对原住民而言是十分贵重的东西。

是谁将可可豆传入欧洲的

关于可可豆，或者说是作为饮料的巧克力，传入欧洲的准确时间众说纷纭，确切信息已无从得知。很多文献都曾指出，可可豆是由在 3 年之内消灭阿兹特克帝国的科尔特斯，于 1528 年战争胜利，回到西班牙，进献给国王时带入欧洲的，但另一方面，《巧克力的历史》一书又指出，科尔特斯将可可豆传入欧洲这一点是无中生有、没有根据的。

根据西班牙的法律规定，科尔特斯必须将一定比例的战利品献给国王，于是他将侵略中美洲地区的战利品所得的五分之一装船，于 1519 年运往西班牙。记录这艘船上装载的物品清单还留存在世，上面并没有任何关于可可豆的记录。除此之外，1528 年，回到西班牙的科尔特斯拜访神圣罗马帝国皇帝查理五世（也是西班牙国王卡洛斯一世）时，献上了许多从新大陆带回的物品，在关于这次访问的史料当中，也没有任何提到可可豆的资料。

尽管如此，科尔特斯也并不是对可可豆毫不关心。他在远征中美洲时曾给西班牙国王寄出过五封报告信，在第二封寄出的报告信中写到了两个关于可可豆的重要信息，即可可豆不仅是用来制作饮料的原料，还可以作为货币流通使用。

根据《巧克力的历史》中的记载，关于欧洲境内的人们接触到可可豆的最早记录是在 1544 年。这一年，圣多明尼克教派的修士随玛雅贵族一起访问了西班牙的菲利普王储，也有记录表明这一行人中有人将装有冒着泡沫的巧克力饮料的容器带入宫廷。这本书的作者迈克尔·D. 科（Michael D. Coe）等人所著的内容是欧洲境内最早的关于巧克力的史料。

16 世纪以来，西班牙与新大陆之间，无数冒险家、神职人员、殖民者往来频繁。随着来往的密切，我们也不能排除可可豆在此记录以前就已经作为巧克力饮料传入欧洲的可能性。唯一可以确定的是，可可豆也好，巧克力饮料也好，在 16 世纪上半叶就已传入了西班牙。

从饮料变成甜点之王

巧克力在西班牙改变了饮用方法

1494 年，在罗马教皇的调停下，西班牙与葡萄牙之间签订了《托尔德西里亚斯条约》。根据条约内容，在非洲海岸的佛得角以西 370 里格（约 2 000 千米）的地方，将位于西经 46° 30' 的经线作为划分两国势力的分界线，分界线以东归葡萄牙，以西归西班牙。这样的划定结果导致可可豆的产地所属的中美洲地区全部被划入西班牙的势力范围，西班牙从此垄断了可可豆的进口。

为了应对西班牙国内对可可豆需求量的攀升，西班牙政府在委内瑞拉和特立尼达岛上也开设了可可农场，并严格限制这里生产的可可豆只能出口到西班牙。不仅如此，在西班牙，包括可可豆在内，所有和可可豆相关的制作方法以及一切关于巧克力的知识信息都不许散播至国外。

较之西班牙稍晚一些发展起来的国家，比如荷兰、英国、法国等，也开始进入瓜分新大陆利益的队伍。这些后来居上的国家和西班牙处处发生冲突，时不时地会截获西班牙的贸易商船。不过，每当这个时候，荷兰或英国的船员只将西班牙的船上装载的可可豆当作兔子或羊的粪便，根本不知道可可豆的真正价值，于是直接将它们倒入海中。由此可见，西班牙对可可豆的信息守口如瓶，严守住了巧克力的秘密。

　　在一开始的时候，西班牙也和阿兹特克族的人一样，将碾碎的可可豆加水溶解后，再放入香草、肉桂、肉豆蔻、丁香等多种调味料，有时还要加入辣椒和胡椒等一起饮用。然而这种饮用方法在后来发生了很大的变化，人们不再加入冷水，而是加入开水溶解巧克力，此时发生的另一个巨大的改变是，人们开始在巧克力饮料中加入砂糖。

　　据说第一个往巧克力饮料中加砂糖的是西班牙国王卡洛斯一世。他发现，将砂糖与巧克力饮料混合以后，巧克力从一种只有苦味的饮料变成了一种甘苦相融、比例完美的魅力饮品。当时的砂糖都是甘蔗的原产地印度所生产的，每次进口砂糖时，货物都要从伊斯兰国家经过，每次经过都必须支付高额的税金，因此，当砂糖抵达欧洲时，价格都居高不下。那个时候的砂糖不是在食材食品店里能买到的调味品，而是在药店销售的贵重商品。

　　可可豆由中美洲进口，砂糖由印度进口，因此这两样东西都价格不菲，不是平民百姓能轻易消费得起的，只有上流阶级的贵族才能享用。也就是说，消费可可豆和砂糖等进口商品的行为，在当时是一种社会地位的象征。在巧克力饮料中加入砂糖饮用，这样就相当于叠加了两种高贵的身份地位。对上流阶级的人而言，饮料的滋味自不必说，也没有比这更能炫耀自己身份的东西了。

进入 17 世纪以后，欧洲人开始在新大陆利用非洲人当奴隶，建立起完整的砂糖生产体系，大量砂糖进入欧洲市场。从此，饮用加了砂糖的巧克力饮料的习惯迅速在欧洲的上流阶级普及开来。换言之，又温热又甘甜的巧克力，也就是现在饮用的热可可的原型，源自 17 世纪的西班牙宫廷。

巧克力是法国上流阶级的饮料

在 16 世纪的欧洲，西班牙一直走在时尚的最前端。欧洲人密切地关注着西班牙的宫廷文化，因此巧克力的秘密不可能永远地被隐藏下去。随着旅行者、船员、神职人员等的频繁往来，被西班牙政府严格管理的巧克力的秘密，一点一滴地被泄露到临近诸国，意大利和法国开始注意到巧克力的存在。可可豆开始密集地从西班牙出口，荷兰也开始将委内瑞拉产的可可豆出口至西班牙以外的国家。如此一来，到了

16 世纪末期，巧克力已成为欧洲众所周知的饮料了。

巧克力在法国一举夺得上流阶级饮料这一宝座是在 1615 年，法国国王路易十三（Louis Ⅷ）和西班牙公主安妮·达·奥特里奇（Anne d'Autriche）结婚以后。由于公主早已养成饮用巧克力饮料的习惯，于是她带着昂贵的可可豆嫁到了法国。巧克力跟着公主翻越了比利牛斯山脉，在法国扎根之后被称作"chocolat"，然而巧克力饮料完全风靡法国宫廷是在 1660 年，同样来自西班牙的公主玛丽·泰蕾兹（Marie Thérèse d'Autriche）嫁给了有着"太阳王"之称的路易十四（Louis XIV）时，随行的甚至还有专职为公主制作巧克力饮料的女仆。以此为契机，巧克力成为路易十四宫廷中最高级的饮料，开始广泛流行于上流阶级之间。

路易十四执政时，在凡尔赛建造了豪华宫殿，华美的宫廷文化进入全盛时期。玛丽·泰蕾兹在世时，在所有的皇家例行活动和接见等正式场合，她都会用巧克力饮料宴请客人。如此一来，到 17 世纪 60 年代末，巧克力饮料不止是在西班牙，在法国、意大利等国的贵族阶级之间也广为流行。

从西班牙传播至各国的巧克力不只局限于某个特定的国家，而是在极为广泛的地区被饮用。其中，在 17 世纪时，就地理位置而言，经常饮用巧克力的地区集中于西班牙和意大利等国家所在的欧洲南部；从宗教的角度来看，则集中于天主教影响力较强的地区。值得对比的是，在同一时期，普

路易十四的王后玛丽·泰蕾兹，她让巧克力成为法国上流阶级的饮料。

及欧洲大陆的咖啡则集中于法国等欧洲的西北部地区，这些地区多为基督教的势力范围。

贵族阶级通常都是在早晨饮用巧克力，从而可以优雅地打发从床上睁开眼睛到去往起居室的这段时间。在当时的绘画作品里，也不乏有晨浴中一边让仆人刮胡子，一边饮用巧克力的男人，还有仆人将巧克力和情书送到围着长袍刚出浴的美女面前等画作。当时的贵族将其视作一种健康的晨间生活方式，而以现代人的眼光来看，当时饮用巧克力的TPO[1]背后，隐藏着一丝怠惰的阴影。

---

1 "TPO"为时间（Time）、地点（Place）、场合（Occasion）的首字母缩写。——译者注

托盘里放着水和巧克力饮料。（利奥塔尔的画作《端巧克力的女孩》，德累斯顿国立美术馆馆藏）

16 世纪欧洲的饮料概况

由于欧洲大陆的水质恶劣，导致饮用水的口感很差。在这个时代，人们为了解渴，通常会饮用牛奶和羊奶，或是饮用啤酒、葡萄酒等酒精饮料。欧洲的发展史与农业、畜牧业有着千丝万缕的联系。欧洲人自古以来就懂得灵活利用牛羊的奶，他们将大部分挤好的奶加工制作成奶酪、黄油、酸奶等保存起来。不仅如此，农家的人除了自己饮用，还会将奶卖给附近城市的人，但是，刚挤好的奶很容易腐败变质。在那个既没有杀菌、冷藏等保存技术，又没有火车、货车等大型运输系统的年代，生奶无法提供给那些距离较远的城市。如此一来，住在都市中的人，不管喜不喜欢，也只能通过饮用酒精饮料来解渴。

虽然当时的酒精浓度比现在要低，但在当时的欧洲社会，不论男女老少，都饮用啤酒和葡萄酒来解渴，大家从早到晚都处于一种微醺的状态。巧克力就是在这种情况下作为一种新型饮料传入了欧洲。不久后，经由荷兰东印度公司，从日本与中国传入了茶叶，从阿拉伯半岛的也门港口出口的咖啡也正式登陆欧洲大陆。

这三种饮料都不含酒精，且都是热饮，欧洲人很快就接纳了它们。由于三种饮料所含的提神成分各不相同，从成分的角度上讲，茶叶与咖啡含有咖啡因，而巧克力含有可可碱，虽然饮用后的效果有些许程度上的差异，但巧克力、茶叶、咖啡基本上都是能让人头脑清醒的饮料。在此基础上还有一个优点，那就是不论喝多少，也不会像喝了酒精饮料那样醉倒。这三种饮料作为健康的饮料得到了欧洲社会肯定，随着时间的推移，早上喝酒精饮料的习惯就从欧洲社会中慢慢地消失了。

新传入欧洲社会的这三种饮料对大力推进欧洲近代化的工业革命具有重大的意义。在工业革命以前，所有产业基本上都是手工操作，所以工作的进度和节奏掌握在工人手上。然而在工业革命以后的生产活动中，工人不得不跟上机械的工作效率，所以早上就喝得醉醺醺的劳动者肯定无法适应这样的工作节奏。在这个意义层面上，这三种饮料提高了劳动者的工作品质，推动了工业革命的进行，为欧洲的近代化作出了巨大贡献。

巧克力、咖啡与红茶的竞争

在17世纪初期，传入欧洲的巧克力、红茶、咖啡这三种新饮料，呈三足鼎立之势相互竞争。虽然它们作为饮料存在竞争关系，但在饮用这三种饮料时却发展出共同的礼仪，例如饮用时都要使用专门的杯具，且都是往热气腾腾的液体中加入牛奶或砂糖等。要讨论这三种饮料中的哪一种更流行的话，这就要因各个国家的殖民地发展的具体情况而定了。西班牙与中美洲可可豆的产地委内瑞拉关系紧密，英国则通过东印度公司与日本和中国进行了大量的茶叶贸易，法国则有相当一部分殖民地属于咖啡的产地。在这样的时代背景下，每个国家流行的饮料都有着相应的区别。

在一时呈三足鼎立之势的竞争状态的饮料中，巧克力首先从战线上掉队，败下阵来，由茶和咖啡平分欧洲社会日常饮料的天下。巧克力跌出饮料战线主要有以下两个原因：一个原因是，坐拥可可豆的生产地，即拥有中美洲殖民地的西班牙，曾傲视全球的无敌舰队受到英国舰队的沉重打击，失去了航海的控制权，渐渐无法与英国、法国、荷兰这些后起之秀相对抗。西班牙的势力开始式微，这意味着巧克力失去了其最强后盾。

另一个原因是，红茶与咖啡含有咖啡因，饮用之后会感受到明显的提神作用，而巧克力所含有的可可碱所提供的提神作用非常温和，刺激性较低。就提神效果而言，和红茶、咖啡相比，巧克力的确不是一种具有冲击力的饮料。除此之外，当时的巧克力含有大量脂肪，口感较重，不可能一次性喝得下两三杯。

随着时代变迁，荷兰的凡·豪顿（van Houten）成功减少了巧克力的脂肪含量，发明了易溶于热水的可可粉。但为时已晚，欧洲的饮料市场已经变成以红茶与咖啡为主的时代了。巧克力不再是日常的饮料，而成为一种特别受女性和小孩喜爱的饮料。照此发展下去，巧克力就会变成小众商品逐渐没落，也许会慢慢退出人类的舞台，最终只留下一个名字吧。

从饮料变成固态巧克力

将烘焙后的可可豆碾碎，经过风选除去果皮、胚芽等杂质后制成的巧克力含有 55% 的可可脂（脂肪），所以当时的巧克力喝起来油脂味很重。而解决巧克力过油这一缺点的是荷兰化学家凡·豪顿，他在1828年发明出一种制作法，可以从碾碎的可可膏中提炼出三分之二的可可脂，制作出粉末状的巧克力，也就是今天我们所说的可可粉，他也因此获得了专利。

凡·豪顿还发现，往可可豆的果实碎粒中加入碱溶液，加热待其反应后所得到的可可粉溶于热水后会呈现出一种诱人的红褐色；与此同时，可可仁中的酸被碱溶液中和，原本含有的刺激性味道变得温和起来，口感也更好了。如此一来，用热水冲泡这种可可粉制成的饮料，其味道与以往那种油腻浓厚的巧克力截然不同，口感更清爽，而且比从前的巧克力的香味还要浓厚。在凡·豪顿发明出这种制作方法近200年后的今天，人们仍然以他发明的方法为基础来制作可可粉，"可可仁碱化反应工序"和"榨取可可脂工序"是两道基本工艺。

凡·豪顿发明的可可粉制造法并不仅仅是将好喝的可可饮料带到这个世界上而已。在生产可可粉时，人们可以从可可膏中大量提取出可可脂副产品。这种呈现淡黄色、常温下呈固体状的可可脂，若应用到烹饪中，味道远不及猪油和牛油，因此当时只能用来制作坐药。尽管当初可可脂的用途不被重视，但这却是甜点巧克力诞生的关键性契机。

位于英国西部的港口城市布里斯托尔的福来公司（J. S. Fry & Sons, Ltd.）可能是世界上首家制作出块状巧克力的公司。如果只是单纯在碾碎可可仁后制成的可可膏中加入砂糖，会变成干巴巴的薄片状，无法做出巧克力砖那样成形的固体巧克力。福来公司是这样解决这个问题的：先在可可膏中混入砂糖和香草，再加入可可脂，加热后制成具有流动性的糊状巧克力。将这些糊状巧克力注入模具中，待其冷却之后从模具中取出，这便是固体巧克力的诞生过程。福来公司于1849年开始正式贩售这种块状巧克力，并为其取名为"好吃巧克力"。

另一方面，英国的吉百利公司（Cadbury）在1842年的定价表中记载了一项名为"Eating Chocolate"的商品，由于此物没有任何相关详细资料可供查阅，于是我们无法得知它到底是种什么样的巧克力。因此，到底是吉百利公司还是福来公司率先发明了可以吃的巧克力，至今也难以判定。不论怎样，可以吃的固体巧克力，也就是作为甜点的巧克力诞生于19世纪40年代，在人类文明的历史长河中，也才仅仅问世了170年左右。

1867年，瑞士的亨利·雀巢（Henri Nestlé）先生发明了将牛奶制成奶粉的方法，通过这项发明，雀巢公司发展成为全球最大的食品公司。奶粉发明出来后不久就被同样来自瑞士的丹尼尔·彼得（Daniel Peter）灵活运用，从而发明出一种新的巧克力。于是在1879年，全球第一款牛奶巧克力问世，好评如潮。只要吃过牛奶巧克力和不含奶的黑巧克力的人，就不难判断哪一种巧克力更受大家的喜爱。

在那个年代，现代巧克力的雏形已经基本形成。一度退出大众视线的巧克力饮料摇身一变，成了可以吃的固态巧克力，受到全球消费者的追捧，并获得"甜点之王"的称号，重新回到人们的视线中。

<hr />

在非洲发展的可可农庄

当巧克力饮料变身为可以吃的固态巧克力后，全欧洲的人都知道了作为甜点的巧克力的美味，对可可豆的需求自然也变得更高。光是靠中美洲与委内瑞拉提供的可可豆已不能满足欧洲市场与日俱增的需求量了。

在这个时代，不只墨西哥至巴拿马的中南美地区，就连除了巴西以外的南美大陆，都属于西班牙的殖民地。根据西班牙政府的政策，南美大陆的可可树只能限定在委内瑞拉种植。到了18世纪末期，西班牙的统治势力逐渐式微，原本就有野生可可树生长的厄瓜多尔也逐渐开始开设可可农庄。在南美大陆中，唯一被葡萄牙统治着的巴西虽然很晚才开设可可农庄，但到了19世纪末，巴西已经发展成为全球最大的可可豆出口国家了。1900年，全球的可可豆生产量的80%以上，均由巴西、厄瓜多尔、委内瑞拉、特立尼达和多巴哥共和国等中南美国家所提供，由此可见，可可豆的生产地图发生了天翻地覆的变化。

1824 年，葡萄牙人在位于加蓬共和国西岸几内亚湾的圣多美岛（São Tomé Island）上移植了可可树，首次在非洲的土地上开设了可可农庄。圣多美岛的可可树再由当地的劳动者带往非洲大陆，可可树的种植便随之传入了加纳和尼日利亚。到了 1905 年，甚至传入了科特迪瓦，西非诸国开始作为全球可可豆的生产地逐渐发展壮大起来。到 1951 年，西非诸国生产的可可豆占全球总量的 60%。另一方面，巴西虽然一直保持着和以往相同的可可豆出口量，但随着非洲势力的显著增长，其市场占有率跌至 17%。全球对可可豆的需求量一直在上升，而西非诸国的供应则成为满足可可豆需求的主力。2008 年，全球最大的可可豆生产国是科特迪瓦，仅这一个国家生产的可可豆就占全球总量的 35%，整个非洲则占 70%。所以，非洲诸国生产的可可豆成为现在整个巧克力产业的重要支柱。

日本的巧克力状况

从江户时代起，长崎作为与荷兰贸易的窗口，长期有南蛮（荷兰）商船来航至此，所以尽管没有准确的数据可以考证，但巧克力应该是在很早以前就传入了日本。丰臣秀吉和德川家康应该就曾饮用过巧克力，而且从时代考证的角度上也说

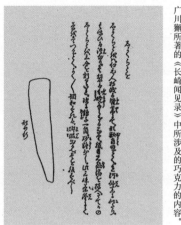

广川獬所著的《长崎闻见录》中所涉及的巧克力的内容。

得过去，但史料中只有关于他们饮用南蛮进口的葡萄酒的记载。

日本关于巧克力的记录，仅在宽政九年（1797）的史料上留下了两处，这两处文献资料也是目前发现的日本关于巧克力最早的记录。其中一处记录是长崎丸山的艺伎从荷兰人那里得到的物品的清单《长崎寄合町议事书上控账》，里面写着"こをひ（咖啡豆）一盒、荷兰烟管15根"，接着还写了"しょくらとを"，而这个平假名表示的就是巧克力。

另一处记录是在广川獬所著的《长崎闻见录》中，里面把巧克力块记录为"しょくらとを"。书中写道："巧克力是西洋人带来的肾药，将巧克力块削成碎片放入热水中，加入鸡蛋和砂糖，用圆筒竹刷打出泡沫后服下即可。"因此，不难看出这个时候的巧克力明显是一种饮料，而且还可以作

美欧回览使节团。大使岩仓具视（中央）与4个副使。

为药物使用。在留下这两处记录的宽政九年（1797），日本正处于闭关锁国的状态，幕府杜绝了除荷兰人以外的所有外国来航和通商。由此可见，将巧克力传入日本的只能是荷兰人，并且最晚是在18世纪传入日本的。

那么第一个吃到那种可以吃的巧克力，也就是固态巧克力甜点的日本人又是谁呢？于嘉永五年（1852）回到日本的中滨万次郎在美国的时候有可能已经吃过，也有可能是贝利在嘉永六年（1853）停靠浦贺迫使日本开国时，将巧克力作为礼物带入了日本。虽然有各种各样的可能性，但关于第一个吃到甜点巧克力的日本人究竟是谁这个问题，没有留下任何确切的文献记录。

明治四年至明治六年（1871—1873），日本派出以岩仓具视为团长的美欧回览使节团去法国参观了巧克力工厂。在其《美欧回览实记》的报告书中曾提到："在这里制作'巧克力'时，将可可豆烘烤磨碎、加入砂糖、注入模具，凝结成各种形状。关于其味道和香气，有些许苦味……"由于其内容不仅包括巧克力的制作方法，也涉及了巧克力的香味，所以岩仓一行人一定在行程中吃过巧克力甜点了。这一项记录是日本关于甜点巧克力最早的记载。

明治十年（1877），位于东京两国的米津风月堂率先开始生产并贩卖巧克力。他们所出售的巧克力是在进口巧克力为原料的基础上进行再加工的产品。虽然与那种从可可豆开始制作生产的传统巧克力相去甚远，但很快在当年11月1日的东京《报知新闻》报纸上刊登出"新制猪口龄糖"[1]，也就是巧克力的广告。当时的社会到处都弥漫着文明开化的氛围，从西洋传入的时髦服装以及新奇的食物都非常流行。但巧克力的味道和香气与日本以往的点心、零食截然不同，再加上其口感独特，过了相当长的一段时间才在大众中普及开来。进入大正时代（1912年起）后，人们渐渐习惯了巧克力的味道，日本也出现了从可可豆开始制作巧克力的整体性生产流程。

---

1 日语中的"猪口龄糖"的假名发音与巧克力"チョコレート"的发音一致。——译者注

今古不变的巧克力健康功效

在阿兹特克时代曾作为药物使用

不论是在古老的玛雅文明的时代还是在阿兹特克文明的时代，又或是在 16 世纪传入欧洲以后，巧克力一直被当作一种高贵的饮品。与此同时，巧克力还被认为具有一定的药物效果。在这些不同的时代，巧克力被赋予了不同的药效功能，然而这些药效功能中的绝大多数都经不起近代科学的论证。但随着近代生理学与营养学的发展，科学家们也逐渐发现了许多在过去被忽略的可可豆的功效，这一点会在下文详谈。

通过解读玛雅文明留下来的象形文字，我们可以了解当时的社会风貌和文化发展，但玛雅族人并没有留下关于可可豆功效的记录。关于阿兹特克族的人们使用的象形文字，以及关于阿兹特克帝国灭亡前后的社会生活，我们可以从西班牙的传教士贝尔纳迪诺·德·萨阿贡修士（Bernardino de

Sahagún）所著的《佛罗伦萨的图画文书》当中了解到。

阿兹特克族社会当中有两种重要的饮料：一个是通过发酵龙舌兰的树汁做成的欧克特力酒（octli）；另一个就是用可可豆做成的巧克力饮料。喝欧克特力酒的通常都是老年人等特定的人群，还有在一些如祭典等特定的场合会要求喝欧克特力酒，但是，纵观阿兹特克文明，这是一个对饮酒有着严格管制的社会。酩酊大醉可不是什么好事，喝醉酒的下场通常都是被判处死刑。有鉴于此，在阿兹特克社会，比起欧克特力酒而言，巧克力才是更受上流阶层和战士们喜爱的饮料。

包括阿兹特克族在内的于中美洲发展起来的文明中，饮用巧克力带来的对身体的功效是有目共睹的。根据史料记载，可可豆可用于治疗多种疾病。当时的人们相信，可可豆制作的饮料可以退烧；4粒可可豆加上1盎司（约28克）名为欧鲁利的橡胶树汁混合制成的饮料可以治疗痢疾。他们还认为可可豆具有消毒的作用。传说在早上饮用巧克力后，当日之内就算被蛇咬了也不会死，有的甚至还认为在伤口处涂上可可豆磨的粉末，伤口就会痊愈。

除此之外，可可豆还作为药物被广泛应用于其他方面，比如将可可豆与各种草药混合，饮用后可达到止泻、治疗牙疼、利尿、强身健体等目的，还可以用于肠胃病、心脏病、肝病等的治疗。

传入之初，巧克力在欧洲也曾被当作药物使用

　　巧克力、茶、咖啡，几乎是同时传入欧洲的三大饮品，皆含有作用于神经的成分，对欧洲人而言，是前所未有的神秘饮品。在饮用茶或咖啡时，人们就能感觉到咖啡因带来的提神作用。巧克力虽然只含有微量的咖啡因，但还含有1% ～ 1.5% 的可可碱，这一功能性成分也引起了欧洲人的关注。可可碱通过刺激人的大脑皮层提高思维能力、提起工作干劲，还具有强健身体以及利尿等功效。鉴于咖啡因和可可碱所具备的这些功效，巧克力、茶、咖啡这三种饮料在刚传入欧洲之际，就被认为具有一定的医疗价值。

　　阿兹特克族的医生对领土内生长的各种植物的药效具有相当丰富的经验与知识，在国王的植物园内也种植了许多具有药用价值的植物。此外，这个时代的欧洲医疗则是由起源于希腊时代的四体液病理学说发展构建起来的。其医学原理认为，人体体内存在血液、黏液、黄胆汁、黑胆汁这四种体液，疾病的发作就是这四种体液失衡造成的。在那个时代，连魔术以及占星术等没有科学依据的行为也属于医疗的范畴。由此可见，当时的欧洲医疗还很原始，阿兹特克的医疗远远比欧洲进步得多。

　　为了调查研究阿兹特克帝国的大量草药及其药效，1570

年，西班牙国王菲利普二世（Felipe Ⅱ）命令皇室御用的医生弗朗西斯科·赫尔南德兹·科多巴（Francisco Hernández de Córdoba）前往新大陆。后来，赫尔南德兹在其著书中写道："巧克力适合在气候炎热时饮用，对发热也有一定的药效……可暖胃，清新口气……可用于消毒，以及缓解肠胃疼痛、腹绞痛。"（引自《巧克力的历史》）

历史上有名的美食家博里亚·萨瓦兰（Jean Anthelme Brillat-Savarin）评价巧克力是一种健康又美味的饮品，既滋养身体又易于消化，"可强身健体、健胃、助消化、预防肥胖，加了龙涎香（从抹香鲸提取的香料，香味类似麝香）的巧克力是一种能让头脑清晰的有效药物"。从巧克力传入欧洲开始到19世纪上半叶，巧克力明显不单单是被当作一种饮料，更是一种被人们认可的药物。

巧克力的功效在不同的时代被广为宣扬，被认为兼具强身、健胃、消化、集中精神、催情等各种各样的药效，但是，也有人因为巧克力具有振奋精神和挑起情欲的作用所以不喜欢巧克力饮品，对巧克力的评价毁誉参半。

与其药效相对的，是巧克力饮品阴暗的一面。巧克力浓郁的口味可以将毒药的味道掩盖掉，在权谋术数交织的欧洲政界、社交界，利用巧克力来进行毒杀的流言蜚语不绝于耳。举一个例子，强迫耶稣会（Societas Jesu）解散的教皇克雷芒十四世（Papa Clemens XIV）常常害怕会遭到报复，他在 1774 年去世。相关人员表示，从其遗体的情况可以推断，教皇的死因是饮用了掺毒的巧克力。

现代版巧克力的健康功效

虽然从阿兹特克时代起，人们就非常认可巧克力的健康功效，但事实真的如此吗？自从第一届"巧克力·可可国际营养座谈会"于 1995 年在日本召开以来，每年都会定期邀请全球研究可可豆的专家学者参加。在每届座谈会上会发表大量研究成果，从科学的角度来讲解可可豆以及巧克力所具备的健康功效。

人类的生存离不开氧。在人体内所含的氧当中，有很少一部分氧会变得不安定且具有攻击性，其活性比一般的氧要高。这就是所谓的活性氧，它会氧化细胞内的磷脂，使其变成对人体有害的过氧化脂质。举例来说，铁会因氧化而生锈，铁锈最终纷纷变脆、剥落；发生火灾，房屋被烧掉之后，木材被氧化烧成灰和炭。在某些特定的时间和场合，氧引起的氧化作用也隐藏着非常强劲的破坏力。

活性氧会连续不断地损伤人体内的其他细胞。当细胞的损伤达到一定程度时，其人体组织会受到损害，继而引发癌症、动脉硬化、糖尿病、胃溃疡等疾病。在日本人的死亡原因里居第一位的是癌症，其次是心脏病、脑中风，大多数情况下的心脏病和脑中风皆是由动脉硬化引起的。换句话说，活性氧所引起的疾病都与日本人排前几位的死因相关。而且遗憾的是，我们不能因为害怕活性氧而停止摄取氧气，人若停止呼吸将无法生存。

在现代社会，导致体内摄取的氧转化为活性氧的原因很多，例如太阳光线中的紫外线、情绪压力、汽车尾气、吸烟、自来水杀菌使用的氯、激烈的运动等，很多都是在日常生活中无法回避的。

在所有生物体内，本来就存在抑制活性氧活动的抗氧化酶素。不过，现代社会生活存在着太多产生活性氧的因素，光靠体内生成的抗氧化酶素是远远不够的。这时就需要人体额外摄入维生素C、维生素E、β-胡萝卜素等具有抗氧化功能的营养素。在这些抗氧化物质当中，多酚类具有的抗氧化能力最强，因此全世界都在积极推进着对多酚类功效的研究。

植物通过接受阳光的照射，进行光合作用生成葡萄糖，自然也就吸收了大量的紫外线，但是，植物无法像动物那样躲到阴凉处避开太阳光，为了减少因紫外线生成的活性氧所带来的负面影响，植物自身会生成多酚、维生素C、维生素E等抗氧化物质，并储存在体内，几乎所有植物都含有多酚类成分。近来由于媒体的宣传，红酒与巧克力含有的多酚受到了大家的关注，从而声名鹊起。

人们在食用巧克力时尝到的微微的苦味，便来自巧克力中所含的多酚。每 100 克巧克力砖中含有约 0.8 克多酚，而且巧克力中所含的多酚比起红酒和茶所含的多酚而言更利于人体吸收。总而言之，为了抑制活性氧的不良影响，为了维持健康的体魄，吃一块巧克力或饮用一杯可可饮料将是对抗活性氧非常有利的武器。

"巧克力 = 肥胖"的谎言

最近的研究显示，巧克力含有多酚成分，可以有效抑制活性氧的活动，是一种有益健康的食物，但是，人们对巧克力的印象通常是 "吃起来的确很好吃，但卡路里很高，是导致肥胖的罪魁祸首"。而年轻女性多对巧克力同时抱有 "很好吃，很想吃"与"不想变胖"的复杂心情。话说回来，巧克力真的是热量高到一吃就会变胖的食物吗？

美国的好时研究院使用老鼠做的实验表明，巧克力所含的脂肪（可可脂）只有很少的一部分会被体内吸收，而且这种类型的脂肪就算被吸收了也不容易发胖。前为昭和女子大学大学院教授的木村修一从报告中指出，在以老鼠与巧克力为对象的实验中，"老鼠实际摄取的热量只占根据成分计算

出的巧克力热量的 70% ～ 80%"。在现代营养学中，1 克
脂肪的热量为 9 千卡，根据木村教授的实验结果来看，1 克
可可脂中约含有 6.5 千卡的热量。

　　1 克碳水化合物与蛋白质的热量约为 4 千卡，1 克脂肪
的热量约 6.5 千卡（采用可可脂的数据），再根据食品标准
成分表上标注的牛奶巧克力的成分来计算其热量的话，100
克牛奶巧克力的热量约为 466 千卡。这比起《日本食品标
准成分表 2010》上记载的 100 克牛奶巧克力热量 552 千卡
低了 100 千卡左右。将这 100 克 466 千卡的数值与其他零
食甜点比较的话，虽说比糖果类的略高一些，但也比曲奇类
的热量低一成左右，热量和炸仙贝差不多。如此看来，巧克
力其实本不应该被贴上"热量高、容易致胖"的标签。

第四章

世界的调味料
——辣椒

辣味的发源地——墨西哥

第一个吃辣椒的人

　　一般情况下，植物的可食部分以大米和大豆等种子类、薯类、果实类为主，人类通常食用的是植物储存营养成分的部分。种子类和薯类植物储存营养成分的部位要是被人或其他动物吃掉的话，就无法繁衍后代了。于是除了禾本科的五谷类以外的植物，这些部位通常都含有有毒物质，而对果实类的植物来说，为了繁衍后代，果实被动物食用是非常关键的一步。成熟的果实会通过变红来吸引动物的目光，向动物传达"果实已成熟，可以吃了"的信号。当动物吃掉成熟的果实后，动物会带着留在体内的种子去往其他地方，再将种子和作为肥料的粪便一起排出。由于植物自身无法移动，所以它们演变出了这种巧妙的繁衍策略，从而能够在广袤的大地上留下自己的后代。

辣椒的果实呈大红色，里面也装满了种子，方便通过动物运送到其他土地上，但这些果实含有辣椒素，具有强烈的辣味。当动物吃到辣椒的瞬间，辣椒素会对口腔造成强烈的冲击。口中会如同发生了火灾一般辛辣难耐，但这并不会伤害到吃下辣椒的动物的健康，也不会伤及它们的生命，30分钟后，口中的灼烧感便会自然消解。

新大陆的原住民是经由怎样的一个过程，将辣椒冲击性的辣味应用到饮食生活中的呢？他们将辣椒发出危险信号的辣味巧妙地加以利用，发展出十分丰富的饮食文化。

在公元前 8000 年—前 7000 年，人类刚接触到辣椒的时候，辣椒并不是被用来食用的，而是被用于宗教仪式上，这相当于现代的生日祝寿或七五三[1]、成人礼等，凡是在人生的重大仪式上都会用到辣椒，而这些仪式的幕后工作者手上经常会沾到辣椒的粉末，然后屡屡出现直接用沾到辣椒粉的手吃饭的情况。在当时的新大陆，用餐时没有筷子、叉子等餐具，食物都是直接用手送到嘴里。于是，在吃玉米、马铃薯等只加了一点盐的单调饮食时，人们注意到，手上沾到的那一点点辣椒带来了微微的辛辣味，促进了食欲。如此一来，在以淀粉类为主的饮食中，人们开始加入辣椒来调味。

──────

1　日本节日，每年 11 月 15 日男孩 5 岁、女孩 3 岁和 7 岁时举行祝贺仪式，意在保佑孩子健康成长。──译者注

传播辣椒种子的鸟类

什么动物可以将具有强烈辣味的辣椒果实吃下并将种子带往远方呢？在自然界，猴子、鹿等野生动物，看到辣椒都会绕道而行。要是动物都惧怕辣椒的辛辣敬而远之的话，就算辣椒成熟的果实长得再红、再诱人，也无法借助动物摄食将种子带往其他地方。

有江户时代的百科词典之称的《和汉三才图会》（正德二年，即1712年左右完成）中这样写道："可治小鸟之疾。治疗笼中疗养、肿胀、粪便不通、不食饵料的鸟，需将番椒（即辣椒）切碎，浸泡于水中，再让病鸟饮用，则可成活。"小鸟对浸泡过辣椒的水似乎也并不抵触，所以在江户时代，辣椒作为治疗小鸟疾病的药物被人们使用。

宝永六年（1709）发行的《大和本草》是一本涉及1 362种药用植物的解说典籍。其中关于辣椒，有以下描述："诸鸟皆喜食番椒，鸡等更是喜爱，是医鸟之药。"由此可见，辣椒不仅可以作为鸟类的药物，而且是鸟类（特别是鸡）喜爱的吃食。

在《辣椒的文化志》中，介绍了宾夕法尼亚大学的研究员梅森的谈话内容，他提到，"鸟类对辣椒毫无感觉。我们对鸟类施以2%的辣椒素溶液，那是所能达到的溶解的极限。人喝下去的话肯定会被辣死的，但是鸟类却很欢喜地喝掉了"。日本人的话，喝下 15 ～ 20 ppm（1 ppm 约为 0.000 1%）浓度的辣椒水就能感觉到辣味，也就是说，日本人对浓度相当低的辣椒素都能敏锐地感到辣。这样一对比，2% 的辣椒素溶液相当于这个浓度的 1 000 倍，对人类的味觉来说这种辛辣简直超乎想象，"人喝下去的话肯定会被辣死"真的不是一句玩笑话。也许辣不至死，但其辛辣带来的冲击浓烈至极，还是会辣到让人坐立不安。话说回来，诚如《和汉三才图会》与《大和本草》中所述，鸟类对辣椒的辣味成分辣椒素并不排斥。在墨西哥和安第斯山脉的鸟类也与鸡一样，都非常喜欢啄食红艳艳的辣椒，并将吃入体内的辣椒种子带往异地，与它们的粪便一起排出，散播至各处。

辣椒的原产地在哪儿

辣椒和本书提到的马铃薯、烟草、番茄等一样，都原产于中南美地区，且都属于茄科植物。这四种茄科植物经由欧洲人之手传播至全球各地，而且快速扎根于所到之处。辣椒在短时间内成为各国料理中的基础调味料，改变了人们的饮食习惯或者嗜好，丰富了人们每一天的饮食生活。由此可见，辣椒为全球的饮食文化带去了相当大的影响。

从考古学的角度来看，辣椒和扁豆等一样，都是人们最早在新大陆种植并加以利用的植物之一。在秘鲁的安第斯山脉，公元前 8000 年至公元前 7500 年左右就开始了辣椒的种植；在很早以前就开始农耕的地区之一——墨西哥，也是早在公元前 7000 年左右就开始种植利用辣椒。从遗迹出土的物品当中，考古学家还发现了同时绘制有农耕之神与辣椒的陶器。在中南美地区，辣椒更是具有重要的礼仪性意义，在重要的仪式上人们会用到它。当地的原住民至今仍遵守着这个古老的传统生活形态，可见辣椒与人产生的联系并不仅仅局限于食用。

　　辣椒种植究竟起源于何处，并未可知。虽然全球辣椒的种类多到不计其数，但在分类学上可分为四种。这四种辣椒很有可能是由居住于不同地区的原住民培育栽种的。这四种辣椒中有三种人们只能在南美大陆的某些地区见到。第一种是耐得住严寒，只生长于安第斯高原的品种，被称为绒毛辣椒（Capsicum pubescens）。在安第斯山脉，主要的热量来源是马铃薯，在以马铃薯为主的单调饮食中，有辣味的绒毛辣椒就成了不可或缺的调味料。当地居民将生的绒毛辣椒切成薄片，放到蒸熟的马铃薯上一起吃，或者将绒毛辣椒与岩盐一起放入石臼中研磨，然后再用于马铃薯的调味。第二种辣椒种植于南美大陆的南部地区；第三种辣椒则只生长于亚马孙河流域，包括绒毛辣椒在内的这三种辣椒都没有通过

种植的原产地向外传播至其他地区。

称霸全球的墨西哥辣椒

　　剩下的一种是原产于墨西哥的辣椒，在哥伦布抵达新大陆时，这种辣椒就已在中美洲地区被广泛种植，其学名为番椒（Capsicum annuum）。这种辣椒也延伸出了非常多的品种，光是在墨西哥种植的就超过上百种。去往原住民较为集中的集市上我们就可以看到各种大小不一、形状各异的辣椒。从果实长度不足 1 厘米的，到长度超过 20 厘米的，颜色也不是只有红色和绿色，还有黄色、橙色、紫色，等等，品种不同，其辛辣程度也不相同。他们在做菜的时候，会根据料理的不同需求，在众多种类的辣椒当中选择适合的使用。

占据墨西哥一带的阿兹特克族，摄取的热量中有90%来自玉米以及扁豆等豆类。辣椒可以为作为主食的玉米带来一些味道上的变化。将辣椒与番茄一起磨碎，再在里面适量加入牛油果的果肉与各种香草，便可以制成一种叫作莫雷酱（mole sauce）的酱汁。人们将这种辣酱浇到作为主食的玉米料理上，或者用玉米料理蘸这种辣酱吃。

种植于世界各地的辣椒，不论是偏甜还是偏辣的品种，都属于墨西哥产的番椒品种的近亲。这些近亲品种遍布热带到温带，且适应了不同地区的风土气候，同时还借由各地民众的甄选，发展出了从朝天椒、墨西哥红辣椒等偏辣的辣椒，到匈牙利产的甜椒、不辣的青椒、小青辣椒等多个品种。

即便是同一种辣椒，在大小、颜色、形态、辣味上的差异大到让你想不到它们是同一品种的变种。辣椒的品种数早已超过2 000种，而同属番椒类的辣椒品种之间则有三个共通的地方：一是果皮光滑且厚实；二是果实内部呈空腔状态而没有果肉；三是果实内的空腔中有几十粒辣椒种子。

有人曾用一种简单的方法证明大多数品种的辣椒都是由一种番椒变异而来的。他将一些从世界各地采收的外表各不相同的辣椒集中种植于同一处地方，但不让它们互相交配繁殖。刚开始的时候，这些辣椒形态各异，各自生长，但随着时间的推移，世代交替，在繁衍了好几代之后，品种间的差距就变得越来越小，在此基础上继续培育一段时间后，它们几乎又变成同一个品种了。如果我们换个角度来思考这个实验结果，就会发现是风土气候的差异与不同地区的人为甄选导致了辣椒品种的延伸和变异，这也从侧面解释了现在的2 000多个品种是如何分化来的。

来自欧洲餐桌的抗议

在新大陆的不同地区，人们对辣椒的称呼各有不同。印加人称辣椒为"阿吉（aji）"，这一名称在中美洲、从加勒比海域一带至南美大陆都被广泛使用。另一方面，在阿兹特克帝国，辣椒被叫作"chili"，现在的墨西哥也仍然在使用这一称呼。虽然带有辣味的辣椒被称作"chili"或"chili pepper"，但请不要因此误以为南美的智利共和国是辣椒的原产国。

在《哥伦布航海日记》里，哥伦布在1492年11月4日的那篇日志中曾写到他们一行人最初见到阿吉辣椒的情景，并描述道："那个印第安人带着红色的像核桃一样的植物。"这一天也是欧洲人与辣椒相遇的第一天,然而在隔年的 1 月 15 日,航海日记中记载了如下一段内容,表明在伊斯帕尼奥拉岛种植着大量的辣椒,且有成批的货船装载着这些辣椒出港至国外。

他们那里有许多相当于胡椒的阿吉,但阿吉比起我们的胡椒有着更为重要的作用,要是没了它,大家宁可不吃饭了。当地人认为这是非常有益健康的食材,每年可以从伊斯帕尼奥拉岛出口装满约 50 艘卡拉维拉帆船(当时欧洲所使用的一种可装载 40 ~ 50 吨货物的小型快速船)的阿吉。

彼得·摩尔塔尔于 1493 年写道:"哥伦布将那些比高加索的胡椒更辣、种类更多、色彩更缤纷的胡椒带回了西班牙。"(引自《香料 4》)由于哥伦布第二次出发探索新大陆是在同年 9 月,所以通过这段文字我们可以确定的是,在最初的那趟航海时,哥伦布一行人就已经将辣椒带回了西班牙。而且,他在第二次航海时,也在途中运输了一些辣椒回西班牙,但收到辣椒的商人却以"欠缺风味"为由对辣椒评价不高。当时的欧洲人想在新大陆找到胡椒或是胡椒的替代品,而辣椒只有明显的辣味,欠缺其他风味,于是没能俘获欧洲人的心。

就连哥伦布自己在世时也未能理解到辣椒的真正价值,作为调味料的辣椒在后来很长一段时间内都遭到了欧洲社会的无视。在那个年代，辣椒因为其红彤彤的果实仅被当作观赏植物种植。

势力强大的拿破仑一世，谋划着通过禁止欧洲大陆诸国与英国通商，对英国进行经济封锁，他于1806—1807年颁布了大陆封锁令。由于当时英国东印度公司垄断着包括香料在内的所有亚洲物产，这项封锁令导致欧洲大陆与东印度公司的贸易中断，欧洲诸国购买胡椒等香料变得极为困难。在此之前，辣椒是那些买不起胡椒的穷人才用的调味料，而自从大陆封锁令颁布以来，上流阶级的餐桌上也开始出现辣椒了。辣椒也因此被当作一种香料得到人们的认可。

接受辣椒的国家

普及、推广辣椒的是葡萄牙人

在《植物志》（1542 年刊）中，莱昂哈特·福克斯
（Leonhart Fuchs）曾说过："被叫作卡利卡特椒（卡利卡特
是位于印度西海岸的都市名，现为科泽科德）的辣椒，数年
前从印度传入德国，至今仍很少见。"至此，辣椒开始登上
各大植物杂志的版面，但所有辣椒都被命名为印度椒、卡利
卡特椒以及土耳其椒等冠有地名的名称，让人以为这些名称
似乎暗示着辣椒的原产地在亚洲。在英国也有使用西非地名
的几内亚椒。这些名称都源自某种误解，但通过这些误解我
们可以了解到辣椒是如何在欧洲的餐桌上占有一席之地的。

前文中也曾提到过，根据《托尔德西里亚斯条约》，葡
萄牙与西班牙的势力范围是早已明确划定好了的。虽然葡萄
牙在亚洲以及非洲设立了多处贸易据点，但由于辣椒的原产

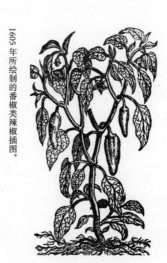

1605年所绘制的番椒类辣椒插图。

地属西班牙的势力范围，所以葡萄牙无法插手辣椒的贸易。另一方面，西班牙政府要想将辣椒运往葡萄牙统治下的亚洲和非洲，就必须做好随时面对海战的准备。因此，从涉及两国的利害关系来看，辣椒要传入亚洲和非洲，本应该会在之后更久远的时代才对。

由于托尔德西里亚斯的边界线正好通过巴西，而南美大陆中唯一属于葡萄牙支配的贸易点也就是巴西，所以在位于东海岸的贸易点伯南布哥州（现在的累西腓市），偶然有葡萄牙人发现了种植于当地的番椒类辣椒。他们首先让辣椒在非洲的西海岸扎根，再将辣椒从好望角出口至印度。辣椒通过葡萄牙人之手，并未经由欧洲而直接从巴西传入非洲和亚洲，并迅速融入当地的饮食生活，成为日常调味料。在哥伦布发现辣椒仅半个世纪后的 16 世纪中叶，辣椒甚至被传到了极东之地的日本。由此可见，辣椒丰富了各国的饮食文化，成功将辣椒传播推广出去的并不是支配辣椒原产地的西班牙人，而是葡萄牙人。

当欧洲还在把辣椒当作观赏类植物栽种的时候，辣椒早已融入亚洲和非洲，点缀他们的日常饮食生活。由于利用辣椒的辣味改变的饮食习惯是从亚洲和非洲传入欧洲的，所以才会出现"印度椒""几内亚椒"等称呼。

点缀单调的饮食生活

从东亚地区的饮食形态中可以看出，辣椒频繁地出现在日常料理中，例如红艳艳的泡菜等，这并不稀奇。另外，在朝鲜半岛和印度，辣椒也是日常饮食中不可或缺的调味料，人们做菜的时候通常会大量使用辣椒。在辣椒的故乡中美洲、南美洲诸国，人们的每一餐都不能少了辣椒。在此基础上，从全球辣味文化发展的常识来看，在明治时代以前，日本的饮食文化中除了七味唐辛子 [1]，并没有发现辣椒的踪影，日本的饮食文化可以说在世界上都是相当特别的。其实餐食中

1　日本的一种调味料，除了辣椒之外还另含有六种香辛料。——译者注

不能没有辣椒的民族非常多，这也许对不太能接受辛辣口味的日本人来说很难理解，但对那些民族的人来说，辣椒早已超越了香料的范畴，就像味噌和酱油之于日本人的意义一样，是非常基础、常用的调味料。纵观古今，横贯东西，全球有着相通的饮食倾向。不论在哪个国家、哪个地区，就连现在也是一样，富裕阶层的人生活富足且能够玩味丰富多变的饮食，在他们的饮食结构中，肉类、鱼类等动物性蛋白的占比很高。与其相对的贫穷阶层因生活所迫，其热量来源主要是谷物类和薯类，以淀粉类饮食为主，很少有机会吃到肉，配菜也通常都是以蔬菜为主。

除了自身含有甜味的红薯和南瓜，比起天然具备氨基酸鲜味的肉类和鱼类，蔬菜就不那么好吃了。肉类和鱼类只需要撒点盐烤一烤就十分美味了，然而蔬菜只是加点盐煮的话，吃起来不过尔尔。通常情况下，为了改善蔬菜的口感，人们会借助于盐以外的调味料，就像日本人会使用木鱼干或昆布汁，或者加入酱油、汤料等增添氨基酸的滋味，或是像印度人那样通过使用香料来给蔬菜调味。

一般情况下，贫穷阶层的人多从事体力劳动，且劳动量和所需的淀粉质成正比。以淀粉质食物为主，再加上蔬菜料理这样单调的搭配就十分需要辣椒来提味。辣椒不仅可以增进食欲，比起胡椒来说又便宜很多，是贫穷阶层也可以轻松使用的调味料。对淀粉质食物依赖度较高的亚洲和非洲诸国而言，辣椒很快就融入了贫穷阶层的饮食和生活，并迅速渗透进当地的料理之中。现在，亚洲和非洲的大部分国家的饮食生活已经完全离不开辣椒了。

辣椒迅速普及至亚洲与非洲

幸运的是，在亚洲和非洲，有十分适合种植辣椒的气候与土地。在接触到辣椒以前，当地的居民就已经在使用胡椒、姜、芥末等香料，早已习惯了辣味。然后当辣味比上述香料更加鲜明的辣椒传入当地时，人们很快就爱上了这种深刻的辣味，从而导致好几种以前惯用的辣味调料被取代。由于当地人本来就习惯辛辣口味，加之辣椒到处都能被种植的特性，因此在辣椒传入之后，立即就成为当地不可或缺的日常调味料。

在辣椒融入印度的饮食文化以前，利用胡椒和姜的辣味烹制的印度料理，其味道不仅没有现在这样辣，风味和现在的印度料理也截然不同。同样地，在过去使用胡椒和花椒腌制而成的韩国泡菜以及几乎所有使用胡椒和花椒的韩国料理也是如此。因为辣椒的融入，韩国的辛辣料理和印度充满香辛料的料理才逐渐定型成为现在的饮食文化形态。

到 16 世纪中叶，非洲撒哈拉沙漠以南的地区也种植了辣椒。这种辣椒有个浅显易懂的名字，叫"piri piri"[1]。这个名称不仅适用于西非的大部分地区，也成为东非使用的共同语言。以辣椒为基础，各个地区研发出各种独特的酱汁，而这些酱汁以及辣椒粉又成为当地人饮食生活中不可缺少的一部分。

非洲家庭中常备的调味料有盐、辣椒粉以及番茄这三样，其中，番茄通常是那种摸起来脆得快要碎掉的干燥番茄，或者是大容量的番茄罐头。根据《改变世界的蔬菜读本》中的描述，"辣椒"与"番茄"这两种原产于新大陆的作物，从种植于新大陆的时候起味道就非常相配。《佛罗伦萨绘文书》中也提到，阿兹特克族人常将番茄和辣椒混合制作成一种辣味强烈的酱汁。

在阿拉伯料理中，也多以番茄和辣椒为基底制作酱汁。从突尼斯至阿尔及利亚，途经摩洛哥的北非一带，主要的调味料也是盐、干燥番茄与辣椒。用盐和番茄煮羊肉或骆驼肉制成的炖菜，至今仍然是当地豪华的宴客料理之一。

慢慢深入中国

虽然我们把中国菜都统称为"中华料理"，但在幅员辽

---

1 在日文中，表示"火辣辣，针刺一般的感觉"的"ピリピリ"和这里的"piri piri"的发音相同。——译者注

阔的中国，每个地区的料理口味其实千差万别。为了表达出各个地域的口味差异和特色，还出现了"东酸、西辣、南甜、北咸"的说法。换句话说，东部地区的菜通常偏爱酸味；爱用辣油的西部地区，其料理特征便是辛辣；南方的菜比较甜；北方菜则以咸味为主。若将中国的菜系大致分类的话，则通常分为川菜、鲁菜、粤菜、苏菜、浙菜、闽菜、湘菜、徽菜八大菜系。其中，所谓"西辣"，是指代表中国西南地区饮食的川菜，其特色就在于对辣味与酸味进行平衡与调和。

根据大量史料记载，辣椒传入中国是在明朝（1368—1644）末期。早在 1516 年，葡萄牙人到达澳门，并于 16 世纪初与中国的沿海地区有所接触。此外，由于 16 世纪中期辣椒也传入了日本，所以早在明末或更早的 16 世纪初，辣椒就应该传入了中国的沿海地区。此后，辣椒传入四川省、云南省等中国西南地区，很快就融入了自古就习惯使用芥末、花椒等辣味调味料的当地料理，从而巩固了"西辣"的基础。直到 18 世纪末，辣椒已经完全变成当地人不可缺少的日常调味料了。

不难想象，在中国如此广袤的大地上，辣椒就算传入了沿海地区和四川省，其信息也很难传往首都。中国古代内容最全面的药草书籍是《本草纲目》，但里面却并没有关于辣椒的信息。可以推断，直到《本草纲目》原稿完成的 1578

年，辣椒的相关信息仍然丝毫没有传入作为明朝首都的北京。日本元禄十年（1697）于日本发行的《本朝食鉴》关于辣椒这一项曾提到，"关于此（辣椒），中国文献中不详"，则表明直到明朝末期，辣椒也没有传入其首都北京。

在中国的古籍中提到的关于辣椒的内容出现于清朝，1688 年刊行的《秘传花镜》中曾提到"蕃椒（指辣椒），一名海风藤，俗名辣茄"。辣椒到 19 世纪后才在包括北京在内的整个黄河流域普及。

严禁带出国的甜椒种子

匈牙利、罗马尼亚、保加利亚、塞尔维亚等多国聚集的巴尔干半岛在 16 世纪至 17 世纪时属奥斯曼土耳其支配。当时，奥斯曼土耳其正值鼎盛时期，其势力范围东至巴格达、西至非洲地中海沿岸的突尼斯。奥斯曼土耳其在准备打入亚洲时遇到了一种叫卡利卡特的辣椒，并将此辣椒带入广袤的帝国领土，甚至在匈牙利落地生根。原本"paprika（甜椒）"在匈牙利语中是表示胡椒的意思。在古代的匈牙利，人们将辣椒称作"土耳其的甜椒"，或者"异教徒的甜椒"。这说明辣椒是经由伊斯兰国家土耳其传入匈牙利的。虽然欧洲人一直没能很快地接纳辣椒，但匈牙利却成为欧洲最早将辣椒融入饮食文化的国家。

辣椒大致可以分为甜味种与辣味种两类。在日本，大家很熟悉的青椒与小青辣椒这两种蔬菜其实属于甜味种的近亲。匈牙利最具有代表性的乡土料理红烧牛肉（Gulasch），以及在各式匈牙利料理中添加色彩与香味的甜椒也是甜味种的一种。这种辣味适中的红辣椒磨成的粉深受大家的喜爱，故从匈牙利出口至全球各地。

匈牙利的农业学家艾尔诺·奥伯迈耶（Erno Obermayer）通过对辣椒不断的杂交与甄选，于1945年创造出一种辣味温和的新品种甜椒。在品种改良之前，为了使甜椒粉末的辣味不那么强烈，必须人工摘除甜椒辣味最为集中的内部经络和种子，再研磨成粉，而随着新品种的普及，就再也不需要人工操作了。凭借这种新品种，匈牙利现在的甜椒产业依然保持着高度繁荣。为了保护这一产业，匈牙利的农业部门严格管理甜椒的种子，若是部门以外的非相关人员携带甜椒种子的话，会被当作与盗取国家机密一样的重罪受到严惩。

迟到了200年才被端上美国人的餐桌

美国西南地区的加利福尼亚州与新墨西哥州在过去是属

于墨西哥的领土，在 17 世纪末，这些地区开始在料理里面使用辣椒，但是，美国的大部分地区和曾经的欧洲大陆一样，对辣椒这种新香料的评价不高。除了使用辣椒粉制成的一种混合香料"美式辣椒粉（chili powder）"以外，人们对辛辣的辣椒不予理睬。

另一方面，甜味种的秘鲁椒可以作为蔬菜放入沙拉中，还有可以填入肉馅一起烤的肉酿青椒（stuffed peppers）也是美国人非常熟悉的一道家常菜。在美国，辣椒类生产总量的 60% 皆为甜味种的秘鲁椒。除此之外，仅次于秘鲁椒的还有不太辣的青椒。也就是说，辣椒虽然在美国成功扎根，但使用的主体还是不辣的、属甜味种的辣椒。

美国人所使用的美式辣椒粉是一种添加了牛至、莳萝、大蒜等多种香料的混合香料。为了使不习惯吃辣的美国人能轻松食用，人们特地将里面辣椒的辣味调得非常温和。用这种美式辣椒粉炖煮牛肉，再加入煮好的豆子便制成了香辣牛肉酱；或是将肉或鱼裹上玉米粉蒸熟做成墨西哥肉粽（Tamales），用美式辣椒粉来调理蘸酱。在制作很多墨西哥料理时，对不习惯使用辣椒的美国人而言，美式辣椒粉是不可或缺的调味料。即便如此，辣椒粉也仅仅是美国人在烹饪具有民族特色的异国料理时才会用到的调味料，并非日常基础调味料。

在美国，还有一种有名的调味料是以辣椒为基础制成的：将辣味种的朝天椒磨碎，加入岩盐和谷物醋，经长时间的酿造可以制成塔巴斯科辣酱（Tabasco sauce）。这种辣酱外表看起来如同稀释过的液态番茄酱，它的强烈辣味很有特色，只有路易斯安那州的麦基埃尼公司能生产，并出口至世界各国。在日本，人们主要是将塔巴斯科辣酱放在披萨或意大利面中调味，而美国人主要用于牛排酱、烧烤酱、蛋黄酱等的调味。塔巴斯科辣酱还是吃生蚝时必加的调味料，就连不怎么吃辣的人也一定会在吃生蚝时加入一两滴塔巴斯科辣酱食用。

直到最近，加了辣椒的墨西哥料理、美国西南地区的辛辣料理才渐渐出现在美国各地餐馆的菜单之上。另外，亚洲和非洲的移民也将辛辣的饮食文化带入美国，为美国社会带来了影响。如今，虽然美国人比欧洲人晚了200年，但终于将辛辣的辣椒融入了饮食文化。

改变日本饮食文化的辣椒

在辣椒传入之前的日本辣味文化

日本自古以来就有使用香料的历史。往炖菜、烤的菜肴、拌菜等料理中添加的香料被称为"药味（薬味）"，往汤菜等流质的料理中放入的香料被称为"吸口（吸い口）"。药味和吸口皆为料理的配角，但都是为了使料理的味道和香气更为突出。

人们进入江户时代后才开始使用芥末，在此之前，人们使用的所谓的香料以葱、香芹、味噌、姜、鸭儿芹等为主，这些有时又可以被当作蔬菜食用，其中还有不少材料人们很难明确分出究竟是香料还是蔬菜。比如，白萝卜虽然常被用来当蔬菜食用，但在制作天妇罗蘸料时，日本人会将白萝卜磨成泥，而萝卜泥又属于佐料的范畴。再比如将葱放入纳豆中，葱便是药味；若将葱切碎放入清汤中的话，葱又变成了吸口；若和裙带菜一起用醋味噌拌的话则又是作为蔬菜来使用的。在日本的饮食文化中，除了芥末、山椒、姜以外，根据不同的料理人们会选择味道不那么强烈的香菜，既可以作药味，又可以作吸口。

日本料理的主要材料通常是鱼和蔬菜，而且日本人非常重视食材的新鲜程度，为了凸显食材本身具备的味道，会尽可能减少烹饪程序，仅稍稍调味就可以做成美味的料理，其烹饪的技巧也非常能说明料理人的厨艺。换言之，日本料理更倾向于保持食材本身的味道，尽量控制或减少人为的调味以及香料的使用。在这样的饮食文化背景下，味道和香气十分强烈的香辛料便很难融入日本料理的体系中。在正仓院的皇室珍藏品中，收藏有胡椒。由此可见，香辛料在很久以前就已经传入日本，但并不怎么用于料理之中，基本上是作为汉方药材来使用。

辣椒是从哪里传入日本的呢

关于辣椒传入日本的具体时期有好几种说法，但其中最为古老的是于天保三年（1832）出版的《草木六部耕种法》，里面写道："辣椒传自巴西，天文十一年（1542）由葡萄牙人带来，（中略）因此，西洋人将其命名为'巴西椒'，'椒'即辛辣的果实之意。"欧洲人最早来到日本是在葡萄牙船漂至种子岛将火绳枪传入日本的那一年，即天文十二年（1543）。虽然这和《草木六部耕种法》中所记载的年代有一年之差，但不管怎样，这是有史料记载的辣椒传入日本的最早的记录。

《日本的食物史》中曾记载，在天文二十一年（1552），葡萄牙人加戈神父（Patre Baltasar Gago）访问丰后（现在的大分县），赠予领主大友宗麟辣椒和南瓜的种子。所以我们至少可以确定的是，这一年，辣椒已传入日本的九州地区。也就是说，在辣椒传入的室町时代末期，那是诸战国大名群雄割据的时代，在各领地之间进行人与物的往来和移动不可能很频繁。就算有新的植物辣椒进入丰后地区，这一情报也不能很快被传播至京都或者当时商业繁荣的大阪。

另一方面，日本也有不少史料记载，辣椒是从朝鲜半岛传入日本的。编纂于江户时代的日语词典《和训栞》中曾提到，"秀吉征韩获蕃椒子，故名高丽胡椒，贝原氏说也"。也就是说，根据贝原益轩的说法，由于这是出兵朝鲜时带回的辣椒种子，所以将其称为高丽胡椒。现有九州传来之说和朝鲜半岛带回之说，而完美填补这两种说法之间矛盾的是李氏朝鲜时代出版的《芝峰类说》。这本书是于1613年编纂的百科词典，里面写道："辣椒始自倭国来，故俗称倭芥子（倭指日本）。"（引自《饮食文化中的日本与朝鲜》）。传入丰后的辣椒最早有可能是在丰臣秀吉出兵朝鲜半岛的文禄之役（1592）时被引进朝鲜半岛的，或者在那以前由日本海盗带入朝鲜半岛，并在那里落地生根。

在向朝鲜半岛第二次出兵的庆长之役（1596）时，如果是远渡重洋的日本武士将辣椒带入京都或大阪，那么两种说法之间便不存在矛盾了。所以，辣椒并不是从丰后直接传入京都，而是从九州传往朝鲜半岛，再由朝鲜半岛传回日本，从而传播至京都和大阪的。

七味唐辛子创造出新的辣味文化

当时的日本人早已习惯了保持食材本身味道的料理，在最初接触到带有刺激性辣味的辣椒时，日本料理毫无疑问会受到很大的冲击。小石川养生所的监护人小川显道在其文化十一年（1814）出版的随笔集《尘塚谈》中写道："唐辛子（辣椒）含有损害牙齿的毒素，不可食用。"可见，辣椒在传入之初，并不是用来吃的。在当时，辣椒因其红彤彤的果实而被当作观赏植物栽种于盆栽之中，或是将整株干燥的辣椒悬挂于屋檐下用于驱除厄运。

辣椒登上日本的餐桌是在江户时代，位于两国的药研堀开始贩卖七色唐辛子之后的事情，可以说是七色唐辛子正式拉开了日本辣味文化的序幕。药研是一种将中药的药材研磨成粉的工具。药研堀，顾名思义，就是聚集医生和药店之地。宽永二年（1825），在药研堀经营辣椒店的中岛德右卫门灵机一动，思索着如何将汉方药材制成食物。最后为了中和辣椒的强烈辣味，特将烤制过的辣椒、干燥的辣椒、黑芝麻、大麻籽、山椒、罂粟籽、陈皮混合，制成了香味丰富辣味温和的"七色唐辛子"，并开始对外出售。七色唐辛子的味道与香气作为荞麦面和乌冬面等面类不可或缺的药味深受江户人的青睐，渐渐地，全国都开始流行起来，好评如潮。由于传往京都的七色唐辛子被人们称为"七味唐辛子"，这一称呼随之又传回江户，于是在江户，"七味唐辛子"反而比起以前的"七色唐辛子"更深入人心，变成更常用的名称了。

在江户时代的辣味文化中，七味唐辛子与芥末是主角。从江户时代中期开始，人们将芥末放入荞麦面的蘸汁中使用，而在江户时代末期，人们又将芥末放入手握寿司中使用。江户人在吃荞麦面和乌冬面时，放不放七味唐辛子或芥末，放的话应该放入多少，也就是说，其辛辣程度，由吃的人根据自己的喜好来决定。手握寿司也一样，可以提前告诉寿司师傅按你的喜好调整芥末的量，甚至可以要求不加芥末。综上所述，江户时代发展起来的辣味文化，其最大特点便是吃的人可以根据自己的情况来调整辛辣的程度，享受辣到刚好的美食。

包括印度和韩国在内，在东南亚诸国的料理中，料理的辛辣程度是由提供料理的人，也就是厨师来决定的。虽然在一开始可以叮嘱厨师调整辛辣的程度，但在大多数情况下，吃的人基本上无法左右眼前端上桌的料理的辣度。从日本与辣味打交道的方式，以及亚洲整体的辣味文化的视角出发，江户时代诞生的辣味文化朝一个极其独特的方向迈出了一步。

咖喱饭掀起了第二次辣味革命

到江户时代末期，七味唐辛子已经融入人们的日常饮食生活中，然而将日本的辣味文化进一步普及至东南亚的则是巧妙突出辣味的咖喱饭。当然，咖喱饭的重点在于要辣，但却不能像放七味唐辛子那样调节辛辣的程度，这是一种和过去的日本辣味文化体系完全不同的料理。尽管如此，咖喱饭如今和拉面一样，作为国民料理深受人们的喜爱，且已深深扎根于日本的饮食文化当中。虽然吃的人不能左右咖喱饭的辛辣程度，但咖喱饭却还是深深融入了日本的饮食文化。于是我们可以说，继辣椒成功融入日本饮食文化的七味唐辛子之后，咖喱饭掀起了日本第二次辣味文化的革命。

进入明治时代后，政府和民间都开始大力发展经济，积极效法西洋的优秀文明。自从天武天皇颁布《杀生禁断令》（675）后，直到江户时代结束，肉食从日本社会消失了踪影。从明治初期日本人与欧美人的体格差距等都可以看出，日本饮食形态对国人带来的重大影响。

为了增强国力，日本政府颁布法令，开始鼓励国民吃肉，以期改善国民体质。随着文明开化的热潮兴起，民间百姓首先接触到的肉食料理是牛肉锅。在传统的汤锅料理中，放入切得很薄的牛肉以取代以前放入的海鲜类，加一点味噌或是酱油，煮熟之后吃，便成为一道非常典型的日式肉食料理。最终，牛肉锅经过一系列的变化，最终发展为现在的寿喜锅[1]。

除了牛肉锅以外，另一道深受大众青睐的肉食料理便是咖喱饭。在明治时代以前，咖喱饭就已经从英国传入了日本，只要有咖喱粉，谁都能轻松制作出咖喱饭。在所有西洋餐具中，对日本人来说最好用的是餐勺，只要有一把餐勺，就不必担心会在用餐礼仪上出丑，所以使用餐勺食用的咖喱饭是让日本人能够毫无负担、轻松享用的一品料理，而不用去担心根本用不顺手的刀叉的使用问题。除此之外，在享用咖喱饭时，由于咖喱饭中的肉已经被切成小块，且被咖喱粉的色

1　即日式牛肉火锅。——译者注

泽和香气完全包裹，这和食用表面可能还淌着血的牛排不同，既不会产生吃血淋淋的肉的抵触感，又能充分体会享用西洋料理的满足。因此，从明治时期到大正时期，咖喱饭一直都是一道非常适合作为肉食和西餐的入门菜品。

咖喱饭中的辣味虽然也是源自辣椒，但并不能像使用七味唐辛子那样可以根据喜好随意调节辛辣程度。尽管对日本人来说，咖喱饭属于一种新的辣味饮食形态，但咖喱饭很顺利地随着文明开化的风潮一起融入人们的日常生活中，而且深受近代人的喜爱，甚至还融入了军队的供餐菜品。咖喱饭从都市被一路普及推广深入乡村。

明治十年（1877），在东京的西洋料理店"三河屋"的广告上，咖喱饭的价格为二钱五厘；同年，在东京的"风月堂"的菜单上，咖喱饭的价格为八钱。在这一时期，咖喱饭已经登上各大西洋料理店的菜单，被都市里的人所熟知。大正十三年（1924）开店的须田町食堂，于第二年另开设四家分店，生意兴隆，而店内的人气 No.1 便是咖喱饭。随着咖喱饭的人气越来越高，不仅仅是在西餐店，咖喱饭甚至还出现在荞麦面店的菜单上。

昭和三十八年（1963），好侍食品工业（即现在的好侍食品公司）面向儿童，专门降低了辛辣度，增加了甜味，研发出佛蒙特咖喱块。于是，咖喱饭的受众范围变得更加广泛，成为男女老少皆喜欢的国民料理。从咖喱块的生产统计

世界上最初的咖喱粉是由英国的C&B公司生产贩卖的。图为咖喱进入日本市场初期在日本流通的产品包装，这款咖喱粉获得了极高的人气。（©雀巢日本株式会社）

数据我们可以计算出，以辣为最大特色的咖喱饭，日本人每人一年平均可以吃 46 次，也就是每个月吃 4 次左右。

泡菜一跃成为腌渍类产品的第一名

根据食品供需研究中心的调查，平成十一年（1999）日本国内的泡菜生产量达到 25 万吨，超过所有腌渍类产品生产量的 20%。除开腌渍时间较短的浅渍产品以及制作传统酱菜的泽庵等，泡菜生产量位于第一位。自此以后，泡菜的消费量持续增长，在平成十五年（2003）达到了顶峰的 38 万吨。这相当于该年日本人每人一年平均吃掉 3 千克泡菜的量。另一方面，和泡菜的急速增长比起来，日本具有代表性的泽庵的生产量却连续十年呈减少的趋势。现在已经很难找到不卖泡菜的超市和食品店了，而且有越来越多的年轻人不知道泡菜最初是来自朝鲜半岛的腌渍类产品。以辛辣为卖点的腌渍类泡菜已经在日本的饮食体系中占据了一席之地。

日本流传有"就算没什么菜也不能缺了腌菜"这句话，这说明了在日本人的餐食中腌渍类产品的重要性。在以前，不论是在城市还是农村，制作腌白菜以及腌梅干等都是家庭主妇的工作，但是在现代的都市中，在家里自己制作米糠腌菜和浅渍酱菜的人少之又少，人们通常都是去店里直接购买现成产品，而店内陈列的腌菜中，量最多的是泡菜，由此可见随餐一定要食用泡菜的家庭并不少，也就是说越来越多的人认为餐饮中出现辣椒的辣味是理所当然的事。在经历了通过咖喱饭来享受辣味的时代后，日本人与辣味的接触越来越接近世界水准，现在已经进入一个将"超辣"作为商品开发突破口的时代了。

在朝鲜半岛，为了度过漫漫长冬，人们需要将蔬菜储存起来，于是在秋季，各个家庭忙着腌制泡菜的场面总是会成为一道独特的风景。朝鲜半岛最具代表性的泡菜是将切成丝的萝卜、红彤彤的辣椒粉、大蒜、姜、海鲜类的腌鱼肉等和白菜混合在一起腌制而成的。腌制泡菜时，和腌野泽菜与泽庵酱菜等情况相同，泡菜中的乳酸菌开始发酵，酝酿出一种独特的香味。因此，泡菜属于发酵食品。

　　通过发酵制作的泡菜，腌渍需要一定的时间，制作过程中稍有差错就会发生不可逆转的偏差从而影响品质，所以在大量生产时需要严格谨慎的管理和足够的时间。现在，大多数日本生产的泡菜为了追求品质的稳定，另外也为了缩短生产所需的时日，通常省略了发酵这一工序。在白菜上撒盐调节好水分的量之后，将其浸泡在调味液中腌渍，使其带有泡菜风味。这种日本产的泡菜属于腌渍时间较短的浅渍产品，不属于发酵食品，这和朝鲜半岛自古以来的传统泡菜有着性质上的不同。

第五章

生活的调剂品
——香烟的历程

哥伦布以前的香烟

香烟鲜为人知的秘密

以哥伦布抵达美洲大陆为契机，在短短不到一百年的时间里，香烟便从新大陆传播至全世界，如今与酒、茶、咖啡一起，成为世界四大嗜好品。所谓嗜好品，并不是维持生命所需的不可或缺的东西，嗜好品的存在可以为你的生活带来变化，使休息的时间变得愉悦，还能润滑人与人的交际。在这个意义层面上，香烟以及其他嗜好品如同人类心灵的营养剂，长年以来，一直为人们带去慰藉。

在发达国家，"吸烟有害健康"占据了大部分的舆论，所以很少有人会将香烟视作心灵的营养剂。有许多医学，特别是流行病学的研究数据都显示吸烟有害健康。另一方面，想在心理学上给出有效且客观的数据证明香烟作为心灵的营养剂，存在促进心理健康效果是非常困难的。人们在讨论香烟时，大多都持香烟有害健康的论调，且有大量有效数据可支持其论点；相反地，从侧面论及香烟具有心理性效果时，由于大多缺乏足够的实际数据，讨论也只能就此打住。其实道理很简单，所有的事物皆有其阴暗面，所以香烟会对人体健康带来不好的影响自然也不例外，但是，像最近流行的"香烟有害论"那样，只将焦点对准有碍健康这一点来谴责吸烟，反而会让我们无法捕捉香烟的完整面貌。香烟变成人们亲近的嗜好品已有四百多年的历史，然而人们却并不知道香烟的发展历程，以及香烟是如何与社会发生联系的。

关于香烟与社会的关系，在此列举两个例子。一个是，要是当初从北美出口至欧洲的香烟没有赚到外汇的话，欧洲人就不会建立北美殖民地，也许现在的美利坚合众国也就不复存在了。另一个例子是，自从日本开始下定决心执行香烟专卖制以后，一部分日俄战争的战争经费才得以筹措，同时也使日本的香烟市场免受外国资本的支配。直到"日本专卖公社"变身为"日本香烟产业株式会社"的昭和六十年（1985）3月，日本的香烟专卖制度维持了81年，日本国库在这期间得到了庞大的税收。直到现在，每年仍然有超过2兆日元的香烟税充实着国家的年收。

原住民使用的烟草种类

在分类学上，烟草属于茄科烟草属植物。由于日本自古以来就有食用茄子的习惯，所以借茄子的名字，将烟草归于茄科；在其他许多国家，茄科植物的代表主要是马铃薯，所以大多将烟草归于马铃薯家族（马铃薯科）。说起茄科植物，茄子自是不必说，还有烟草、辣椒、番茄、枸杞等，实用性是茄科植物的最大特征。

如果将烟草属的野生品种也包含进去的话，在分类学上可以确认的已知烟草品种有66种，其中有45种生长于南美大陆、北美大陆，以及加勒比海域。哥伦布到达新大陆时，原住民们就已经在种植烟草了，他们早已养成了吸烟的习惯。从叶片大、收获量高、种子易收集、叶子的尼古丁含量高等特征我们可以推断出，新大陆种植的烟草是 Nicotiana tabacum 种（以下简称红花烟草）和 Nicotiana rustica 种（以下简称黄花烟草）这两个品种。

直到现在，真正用来种植制成香烟制品的烟草也只有这两个品种，其中全球种植范围最广的是红花烟草的品种，用于制成可以吸的香烟、鼻烟、嚼烟等各种人们喜欢的形式。现在说到"tobacco（香烟）"，一般指的就是字面意义上的红花烟草的品种。而黄花烟草比起红花烟草的叶面更小更圆，叶肉较厚，所以也被称为圆叶烟草。圆叶烟草只种植在俄罗斯、印度、巴基斯坦、北美的部分地区，通常会加工制作成水烟等，使用的领域较为特殊。

红花烟草的祖先生长于安第斯山脉东侧的斜坡上，从玻利维亚至阿根廷北部地区海拔约 1 500 米的高原；黄花烟草的祖先则生长于安第斯山脉西侧，玻利维亚至秘鲁海拔约 3 000 米的高原。两种烟草都从安第斯高原传播至南美大陆和北美大陆。尤其是红花烟草特别适应各地的气候与风土环境，并且根据植物的形态、吸烟时的香气等当地吸烟者的喜好，经过甄选后分化成不同的种类，很难想象它们都源自同一种植物。

源自安第斯高原的烟草

由于红花烟草、黄花烟草的原产地都是安第斯高原，所以最开始利用烟草的人自然就是居住在当地的原住民了。两千多年前诞生于安第斯高原并于 9—11 世纪迎来鼎盛时期的蒂瓦纳科文明即可证明这一点。蒂瓦纳科遗迹之一，被称作"太阳之门"的石造物中心，刻着双手执神杖的太阳神像。在神像下方，有两座面对面吸着烟斗的小型雕像，这两座雕像表现的是两位向太阳神献上烟草香气的神明。现在在安第斯高原反而不容易见到吸烟者，两座吸烟的神像便成为证明曾经的安第斯高原一直存在着吸烟风俗的有力证据。

在高海拔的安第斯高原，由于氧气稀薄，尽管存在以宗教为目的的吸烟行为，但对一般大众而言，他们很难将烟草作为日常性的嗜好品。因此比起吸烟来，更流行的是咀嚼烟草和古柯叶。虽说是咀嚼烟草，但并不是像嚼口香糖那样"咕叽咕叽"地不停咀嚼。当地人嚼古柯叶或烟草时，会先将古柯叶或烟草含在口中，利用唾液润湿使其渗出内含的成分后吞咽，以这种方式享受烟草的味道。早在印加帝国诞生以前，烟叶和古柯叶都深受原住民喜欢，但随着时代演变，原住民渐渐变得更喜欢嚼古柯叶。于是在安第斯高原，咀嚼烟草的习惯也逐渐消失了。当欧洲人来到新大陆时，烟草的发祥地安第斯高原已经没有吸烟或咀嚼烟草的风俗了。

发扬烟草文化的玛雅族

玛雅族是出了名的爱用烟草。在墨西哥恰帕斯州的帕伦克遗址，曾出土过一尊制造于7世纪末被称作艾尔·吉玛（el Jimador）的"吸烟之神"浮雕。玛雅族属于多神教，同时崇拜包括主神伊特萨姆纳（Itzamna）在内的数位神明。这位艾尔·吉玛便是诸神中的一位，口中含着漏斗状的烟斗，从前端吐出袅袅烟雾。这座浮雕凿刻于帕伦克遗址中的"十

『吸烟之神』的浮雕。位于古代都市遗迹帕伦克（墨西哥）的神殿遗址中。（烟草与盐博物馆馆藏）

字架神殿"的侧壁面，表明了当时玛雅族人在进行宗教仪式时会使用到烟草。

　　玛雅族人们相信"神明自古以来都喜欢吸烟，烟草是献给神明最好的物品"。不仅是玛雅族，在广袤的美国，有一些原住民也相信，"烟草是上天馈赠的礼物，是神圣之草且十分珍贵"。有大量建筑物壁画、彩色陶器，甚至还有象形文字都能够证明烟草在玛雅族社会不仅被用于宗教仪式，还被用于治疗疾病。

　　玛雅族人之间，除了宗教仪式以外，纯粹为了享乐或个人嗜好也会吸烟。在遗迹中出土的彩色陶器上就描绘了三种不同的吸烟方法，分别是将烟叶卷成烟卷吸、将烟叶和玉米苞衣或其他植物的叶片一起卷起来吸以及将烟叶塞进其他容器中吸。这些一千多年前的吸烟方式又分别对应了现代具有代表性的雪茄、纸卷烟、烟管，它们是这些吸烟方式的原型。

阿兹特克族的吸烟文化

定都墨西哥中央高原的阿兹特克帝国直到被西班牙的侵略者科尔特斯消灭之前，一直统治着中美洲地区的大部分领土。我们可以从阿兹特克族留下的象形文字，以及前文第三章、第四章提到的《佛罗伦萨绘文书》等书籍中，清晰地还原阿兹特克帝国灭亡前后的社会风貌。根据这些史料我们可以得知，阿兹特克帝国最后的皇帝蒙特祖玛二世以及贵族阶级在吸烟时使用的是经过精致工艺打造的烟管。科尔特斯等侵略者在掠夺宫殿、神殿的装饰品时，也将精致的烟管和仪式使用的吸烟器具通通洗劫一空。这导致现在的我们无法得知当时阿兹特克族的贵族使用的烟管是什么样的造型，有着怎样的装饰，但根据《佛罗伦萨绘文书》，我们可以知道的是，阿兹特克族人平常吸烟时并不会使用仪式上常见的烟管，而是以一种用叶子卷起来的雪茄烟为主（引自宇贺田为吉《烟草的历史》）。

阿兹特克族在一些特殊的场合才会吸烟，例如在敬神祭祀的仪式上将香烟当作献给神的香；在祈愿战争胜利、占卜以及治疗疾病时将烟草当作贡品献给神明。除此之外，有特别的活动时，如孩子出生、命名仪式、结婚典礼、启程旅行、从远方回到故乡、建设神殿、重要人物的葬礼等，社会地位较高的王侯贵族、勇敢的战士、从事远距离贸易的商人这三种阶级的人，以及老人可以吸雪茄烟。这种雪茄烟在市场也有出售，但由于雪茄烟属于为特殊场合准备的物品，平民百姓日常并不会吸食。

在《佛罗伦萨绘文书》中写道，烟草可以用于治疗疾病。在古老的文明长河中，人们相信疾病是因恶灵入侵体内引起的，为了让病人恢复健康，必须要将恶灵逼出体外才行。美洲大陆的原住民们，以及阿兹特克族人，为了将恶灵从病人体内逐出都会使用烟草。但从这个意义层面上来说，香烟并不是现代意义上具有疗效的药物。

第一次接触到香烟的哥伦布

哥伦布在新大陆迈出历史性一步的那一天，也就是1492 年 10 月 12 日，就接触到了香烟。在《哥伦布航海日记》10 月 15 日那天的记录中，关于三天前，即抵达新大陆当天的情况有如下一段描述：

> 当我们来到圣玛利亚岛（巴哈马群岛之一，现名为朗姆屿）与我命名的费尔南迪纳岛（巴哈马群岛之一，现名为长岛）之间时，我们与一名划着独木舟从圣玛利亚岛前往费尔南迪纳岛的男子相遇了。他带着一些拳头大小的面包、装了水的瓜壳、研磨成粉的红黏土，以及两三片干燥的叶片。由于之前在圣萨尔瓦多岛我也收到过这种被当作礼物的干叶，所以这些叶片一定是他们非常珍贵的物品。

尽管哥伦布收到了对原住民而言十分珍贵的干燥叶片，也就是烟叶，但他对香烟并没有产生兴趣。这是因为哥伦布一直确信他已抵达黄金之国"日本"的附近，他当时关心的只有黄金和印度的香料。

在西印度群岛中第二大的伊斯帕尼奥拉岛，两名哥伦布的部下奉命前来探索内陆的状况，并于第三日返回。在他们的报告中，由于既没见到宫殿，又没见到国王，所以他们认为不太可能在这里找到黄金。报告中还提到了岛上居民"咽下烟雾"的奇妙场景。关于这不可思议的场景，在与哥伦布同行的拉斯·卡萨斯神父的著书《西印度群岛通史》中，有如下一段记录：

> 话说回来，前文所述的两名基督教徒在往来于村与村之

间的途中遇到了形形色色的男女村民。在那些人里面，男性手中总是拿着烧剩的柴火以及某种草类。他们将好几片枯草卷进一张更大的枯草中，形状正好和圣灵降临节时孩子们用纸卷的纸铁炮[1]一样。他们点燃这种"炮筒"的一端，从另一端将烟雾吸入。吸入这种烟后，便萌生困意，身体感觉像喝醉了一样，就不会感到疲惫了。他们将这种纸铁炮称作"香烟"，所以我们也使用了这个名称。

很明显，这种像纸铁炮一样的筒状物就是原始的雪茄烟。因此，哥伦布一行人将他们所目击到的原住民吸烟的样子称作"咽下烟雾"，可见对他们来说，吸烟是一种难以置信的奇妙光景。

新大陆的香烟怎么用

在哥伦布开辟了美洲航线后，许多人从欧洲越洋来到新大陆。当时，除了西海岸与南端，从南美大陆直到北美大陆加拿大的东南部，几乎整个新大陆的原住民都有吸烟的习惯。新大陆的香烟使用方法大致可分为以口吸食（smoking）、咀嚼（chewing）、制成粉末用鼻子吸入（snuffing）这三种。

1　以纸团为子弹的玩具竹枪。——译者注

日本人比较熟悉的吸烟方式也有三种：雪茄（烟卷）、香烟（将烟草用玉米苞衣等卷起来吸）、烟斗。虽说吸烟的方式有三种，但各个地区基本上都有一种固定的吸烟方式。在南美的北部、中部以及西印度群岛主要流行的是雪茄，哥伦布一行人所目击到的就是原住民们在吸雪茄的场景。包括墨西哥在内的中美洲，虽然也有一些部族使用烟斗，但更多人还是会吸食香烟。另外，北美的原住民除了很少一部分人，大多都使用烟斗来吸烟。

我们可以看出，香烟的吸食方式和当地种植的烟草的品种之间有着很大的关系。抽雪茄的地区种植的都是红花烟草。诚然，制作卷烟的确是需要较大较软的烟叶。在北美出土烟斗等文物的地区，则大部分与种植黄花烟草的地区重合，并且这些地区不存在红花烟草这一品种。其实也不难理解，黄花烟草干燥后极易磨成细丝，在将它们制作成香烟吸入时，自然要填入某种容器中才方便吸入。

对日本人来说，嚼烟与鼻烟是相对陌生的吸烟方式。嚼烟主要流行于南美大陆北部沿岸至安第斯山脉东山麓的亚马孙河上游地区。而制成粉末状、用鼻子吸入的鼻烟主要流行于厄瓜多尔、秘鲁、玻利维亚的高原地带至安第斯山脉的东山麓，这一带曾是属于印加帝国的领土或是深受印加帝国影响的地区。

欧洲的吸烟风俗

被当作万灵丹的香烟

　　新大陆生长着许多欧洲没有的植物，其中最先引起人们关注的便是烟草。前往新大陆的冒险家们在传回祖国的报告中都纷纷提到"新大陆的居民将烟草当作药物使用，在他们亲身试验过后，也觉得确有疗效"。于是欧洲的植物学家、医生、神职人员等都在药草园里种植烟草，而试验了烟草疗效的医生都认为烟草是一种"有着惊人药效的药草"，因此烟草以药草的身份融入欧洲社会。

　　而在幕后进一步推动烟草融入欧洲社会的推手其实是与西班牙王室关系紧密、扬名国内外的塞维利亚医生尼古拉斯·莫纳德斯（Nicholas Monardez）。在他 1571 年出版的作品《来自西印度群岛的实用医药书·第二部》中，有一章名为"烟草及其显著功效"，莫纳德斯在这一章中，除了叙

述烟草功效，还在此基础上介绍了对应症状的处方案例。例如，可将烟草的烟叶加热贴于患部，可榨汁使用烟草液，可以加入砂糖制成糖浆饮用，可以用嘴吸入烟草的烟雾，可以制成软膏使用，可以作为灌肠剂使用，等等。由此可见，烟草基本上可以用于所有的病症，被当作一种万灵丹推崇不已（引自上野坚实《烟草的历史》）。

当时，塞维利亚一手掌控了所有从新大陆前往西班牙的货船，变成欧洲面向新大陆的窗口。莫纳德斯作为当地最权威的医生，他的著作一经出版便名声大振，首先被翻译成拉丁语出版，后来被翻译成意大利语、法语、英语等，给欧洲大陆的医生带来深刻影响。从这本书出版以来，直到18世纪，凡是以烟草作为药物讲解其疗效的各类书籍，其内容都与莫纳德斯的著作内容相差无几。莫纳德斯的著作成为烟草万灵丹信仰的原典,在那之后的两百多年间也一直深深影响着欧洲社会。

黑死病的泛滥促进了香烟的普及

为香烟的普及作出巨大贡献的是黑死病的流行。历史上,黑死病曾数次席卷欧洲大陆,虽然没有准确的统计数据,但于 1347 年至 1351 年大规模泛滥的黑死病,导致 2 500 万人死亡,相当于当时全欧洲人口的四分之一。在这场黑死病大流行后,一提到黑死病,欧洲人无不闻之色变、人心惶惶。

黑死病通过跳蚤传播,当人被寄生在感染鼠疫杆菌的老鼠身上的跳蚤叮咬后,鼠疫杆菌就会进入淋巴腺,在肝脏、胰脏产生毒素。这种毒素会引起心脏功能衰竭,大多数情况下罹患黑死病的病人一周以内就会死亡。在当时,感染黑死病的死亡率高达 70%。在现代医疗条件下,就算不幸感染了黑死病,通过使用抗生素等治疗方法,死亡率可控制在 20% 以下。

每当恐怖的黑死病泛滥时,欧洲人就会不断尝试各种可避免感染黑死病的方法。在这样的时代背景下,香烟对黑死病有疗效的说法渐渐传播开来。在那个时代,人们还不知道细菌的存在，更不知道黑死病是通过细菌传染的一种传染病。欧洲人认为，香烟的烟雾可以净化被黑死病污染的空气，香烟还可以帮助被黑死病污染的人将体液排出体外。1570年，伦敦出版了马西亚斯医生等人撰写的《关于植物的新草稿》，里面提到"对于黑死病引起的发热，目前还没有发现比烟草更有价值、更有疗效的药物"，高度评价了烟草的疗效（引自上野坚实《烟草的历史》）。于是在欧洲，人们对"香烟是治疗黑死病的特效药"这一点深信不疑。

1664年至1666年，黑死病在伦敦泛滥不止，约7万人因此丧生。在这次黑死病盛行的过程中，传言香烟店的人没有一个被传染上黑死病，再加上当时人们都认为香烟是对抗黑死病最好的预防药，所以人们甚至强制儿童也吸烟。相传有一所在伊顿的学校，规定每个学生在上学前都必须吸一根烟。另外，军队在攻打他国时，也将香烟作为黑死病的预防药，携带于身。十分惧怕黑死病的欧洲人，每当遇到黑死病流行时，都会习惯性地借助香烟的力量，因此我们可以说黑死病为香烟的普及作出了巨大贡献。

雪茄在西班牙是主流

在拉斯·卡萨斯所著的《西印度群岛通史》中，他将香烟比作纸铁炮后还提到："我在伊斯帕尼奥拉岛上看到过有吸烟成瘾的人（指西班牙人）。虽然我指责他们说吸烟是一种不好的习惯，但他们都说他们已经戒不了了。"由此我们可以看出，去往新大陆的西班牙人都在很短的时间内成了香烟的俘虏，同时这也告诉我们，无论古今，禁烟都是一个很大的难题。

在新大陆吸食雪茄烟的是西印度群岛与南美北岸地区的原住民。出入于此的西班牙人也很快被香烟所吸引，后来吸烟在被陆续带回欧洲当奴隶的非洲人之间也迅速流行起来。受到在新大陆养成吸烟习惯的船员影响，伊比利亚半岛港口城市的居民在很早以前就有了吸食雪茄烟的习惯。

尽管西班牙是欧洲最早开始养成吸烟习惯的国家，但直到18世纪末，"雪茄只是流行于西班牙的地方性嗜好品"，吸雪茄的习惯并没有从西班牙传播至周边临近的国家。由于西班牙以通过侵略新大陆搜刮获得的金银珠宝充盈了国库，所以西班牙于16世纪迎来鼎盛时期并称霸欧洲。从这一点来看，周边国家应该会竞相模仿西班牙流行的吸食雪茄，雪茄应该在更早的时期就传遍欧洲各地才对。然而事实并非如此，西班牙的影响力反而不如葡萄牙和英国，对烟草的普及并没有什么贡献。

后来，西班牙将雪茄烟传播至欧洲诸国的契机是拿破仑战争的爆发。1808年，拿破仑军攻占了伊比利亚半岛。为了与拿破仑军对抗，西班牙向英国请求援兵，才使得他们摆脱拿破仑军的统治得到解放。当时驻留西班牙的法国军队和英国军队品尝到了西班牙人吸烟的乐趣，并将吸烟的习惯带回了各自的祖国。不仅如此，法国军队更是将吸雪茄烟的习惯普及至被拿破仑军侵略的欧洲各地。

为香烟的普及作出贡献的葡萄牙

就目前留下的文献资料来说，关于葡萄牙国内的香烟普及状况的史料十分稀少，因此仍存在大量不明之处。尽管如此，将吸烟的风潮普及全世界，作出最大贡献的非葡萄牙莫属。自瓦斯科·达·伽马（Vasco da Gama）成功开拓印度航线以后，葡萄牙进军海外的重点都放在亚洲的香料贸易上。除了亚洲、非洲以外，后来被称作巴西的地区也划入了葡萄牙的殖民范围。该地区被搁置了很长一段时间，无人统治。1530 年，葡萄牙政府将里约热内卢、桑托斯以及巴伊亚设为殖民地，并以此为契机，将雪茄烟从葡萄牙传入巴西，随后雪茄烟成为当地人吸食的嗜好品。这与传入西班牙的雪茄烟的来源完全不同。

1560 年，驻葡萄牙首都里斯本的法国大使让·尼科（Jean Nicot）由于"得到了一直深感兴趣的印第安药草"，于是在拜访担任枢机职务的弗朗索瓦公爵时，赠予了公爵一些香烟和烟草种子。这种药草被皇太后凯瑟琳·德·美第奇（Catherine de Médicis）和她的儿子们用于治疗头痛，于是这种药草在法国宫廷深受好评。据说尼科所赠的烟草不是用口吸的香烟，而是鼻烟。由此可见，鼻烟在很早以前就已经传入葡萄牙了。

到 16 世纪初期，葡萄牙开辟了相当多的航线开展商业贸易，其中包括从巴西、非洲沿岸、印度，经过马六甲海峡直到香料群岛（摩鹿加群岛）这条航线。葡萄牙人在很早以前就抵达了中国，1557 年更是在澳门取得了租借居住权（1999 年，澳门回归中国）。从葡萄牙本国出发，经过非洲南端的好望角途经印度洋诸国，抵达中南半岛、中国以及日本。葡萄牙人通过贸易，将吸烟的习惯传入接触到的每个国家。

源于法国的鼻烟

让·尼科将葡萄牙人送来的鼻烟赠予法国公爵，后来鼻烟被当作皇太后的头痛药，从此整个法国宫廷都开始流行使用鼻烟来治疗头痛。尽管他们相信鼻烟能预防通过空气传染的疾病，但为了避免火灾的发生，宫廷内禁止吸烟，久而久之鼻烟逐渐脱离了头痛药这一单一的用途，开始被当作嗜好品被人们吸食。

路易十三在位（1610—1643）的盛世结束后，法国掀起了吸食鼻烟的风潮。人们认为鼻烟比那些从口鼻喷出白色烟雾的香烟更优雅，而且自从宫廷内的上流阶级开始广泛使用鼻烟后，鼻烟在平民百姓间也逐渐流行起来。当时的法国是欧洲的时尚中心，周边诸国也纷纷效仿法国，鼻烟开始在周边国家流行。进入18世纪以后，鼻烟在法国，乃至整个欧洲都开始流行起来。

　　流行于法国的鼻烟是将磨成细粉的烟草混合各种各样的香料制成的，吸食时用手指捏起来再从鼻子吸入。吸入烟草后，鼻腔受到刺激往往会引起喷嚏，而打喷嚏会顺带排出多余的体液，让头脑变得清醒，让思考变得有活力，还可以清眼明目，因此他们认为鼻烟对健康有益。到了18世纪中叶，在上流社会间甚至出现了使用鼻烟的一整套规则，从向他人劝烟开始，直到最后打出喷嚏，这一连串动作都有"该怎样优雅完成"的规矩，并且成为社交界的礼仪流传于上流阶级之间。

　　鼻烟在法国宫廷乃至整个欧洲流行开来后，"鼻烟是王权的象征""烟斗是背叛王权的烙印"等观念也应运而生，但是，当1789年法国大革命爆发后，风云突变，鼻烟又被视作旧体制的象征，迅速在法国衰落。不仅如此，在其他欧洲国家虽然不像法国那么迅速，但鼻烟也逐渐走向衰退之路。

盛行于英国的烟斗

在美洲的土地上，不问南北，除了巴西，皆为西班牙殖民统治区域，但让西班牙兴趣盎然的只有加勒比海域的各个岛屿以及中南美地区，而对不太可能掘出黄金的北美地区则没什么兴趣。跟随西班牙的脚步随后进入新大陆的英国、法国、荷兰，趁西班牙不备之时踏上了北美的土地。在这片土地上栽种的黄花烟草的烟叶干燥后可以磨得很细，原住民将研碎的烟叶填入烟斗中吸食。由于英国人完全效仿北美地区原住民的吸烟方法，所以在烟草传入英国之初，都是以烟斗吸烟为主。

原住民使用的烟斗是用泥土定型烧制而成的小型烟斗，英国人以此为原型，用黏土烧制了类似的烟斗。这种黏土制的烟斗广泛传播至欧洲各地，但易碎是其最大的缺点。1750 年，以土耳其为中心的小亚细亚地区生产海泡石（Meerschaum），并以此制成海泡石烟斗传入欧洲。由于海泡石的质地十分柔软，便于进行细致的雕刻，于是欧洲各国都争相开始制作如同美术工艺品般的海泡石烟斗。

在海泡石烟斗问世约 100 年后，即 1850 年，人们开始用石南根制作烟斗。石南根不仅木质坚硬，还耐火烧，所以直到现在也是公认的最适合制作烟斗的材料。从价格的角度上讲，石南根制的烟斗也非常适合日常吸烟使用，是目前最

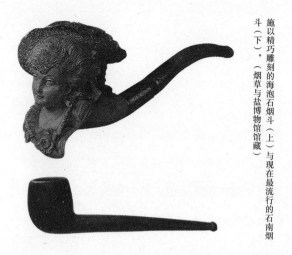

施以精巧雕刻的海泡石烟斗（上）与现在最流行的石南烟斗（下）。（烟草与盐博物馆馆藏）

受欢迎的一种烟斗。到了 19 世纪中叶，美国发明出利用玉米的叶轴制成的玉米烟斗，由于价格便宜也受到人们的青睐。

　　将烟斗普及欧洲的幕后推手是三十年战争（1618—1648）的爆发。当时的欧洲分为由奥地利、西班牙支持的哈布斯堡家族所代表的旧教派（天主教）与法国的波旁家族所代表的新教派（新教）这两大派别，它们以德意志内部诸侯彼此对立为契机开始了三十年战争。丹麦、瑞典也在战争途中加入新教，逐渐发展成整个欧洲皆陷入战争的态势。烟斗则由参加这场战争的英国士兵带入，传播至作为主战场的德国，就连敌军奥地利的士兵也开始吸食烟草，并将烟斗经由奥地利传播至巴尔干半岛。烟斗甚至通过丹麦、瑞典的士兵传入了斯堪的纳维亚半岛。因此我们可以说，三十年战争是烟斗在整个欧洲普及的幕后推手。

烟草种植带动殖民地经济

西班牙统治了新大陆的绝大部分地区，通过独占殖民地的经商贸易，从而成为欧洲最富饶的国家。另一方面，对殖民地经济来说，烟草则是最重要的产物，从16世纪到17世纪上半叶，西班牙独占了全球的烟草贸易。作为西班牙殖民地经营中心的伊斯帕尼奥拉岛从1560年时就开始种植烟草，同时墨西哥的韦拉克鲁斯与尤卡坦半岛也开始种植烟草。在此基础之上，西班牙政府还不断扩大烟草的产地，特立尼达、古巴、安的列斯群岛，以及南美北岸、加勒比海的沿岸地区都开始种植烟草。

在初期阶段，西班牙独占着烟草的贸易，但随着生产据点的扩大，管控的难度自然也在增大，某些避开监视的地下交易开始出现，造成了无法忽略的利益损失。于是西班牙开始对烟草征收进口税，让所有烟草都出口至本国的塞维利亚，再从塞维利亚出口至欧洲各地。虽然西班牙政府想继续独占从新大陆进口的烟草，借此支配烟草的流通，但是最终却无法阻挡其他势力，从而迎来了烟草贸易的强敌。

1607年，英国在今美国弗吉尼亚州所在地建立殖民地。

根据《烟草的世界史》中的记录，殖民地的移民每天都要面对严峻的挑战，例如饥荒与疾病，还要面对原住民族的抗争。在 1607 年至 1624 年的 17 年间，有超过 5 000 人的英国殖民者移居弗吉尼亚，但因死亡或逃回英国等原因，到了 1625 年，仅剩下 1 200 人。就在弗吉尼亚殖民地面临存亡危机之际，出现了一名叫作约翰·罗尔夫（John Rolfe）的青年，他拯救了英国的此次危机。

弗吉尼亚的原住民原本种植的是黄花烟草，但殖民者不喜欢当地的烟草，经济较宽裕的人甚至专门从西班牙的殖民地购买红花烟草制成香烟吸食。1611 年，约翰·罗尔夫在特立尼达偶然得到了红花烟草种子，并成功地在弗吉尼亚的土地上种植出味道与香气都备受欧洲人青睐的烟草。1615 年，从弗吉尼亚出口的 1 250 磅烟草样本到达英国，得到了肯定，在那之后，弗吉尼亚所产的烟草正式出口至英国。

在大部分英属北美殖民地建立初期，殖民者都苦于殖民地的经济建设，找不到除烟草以外能维持殖民地经济的产品。多亏了约翰·罗尔夫，才使得弗吉尼亚所产的高品质烟草能大量出口至英国，打好了弗吉尼亚殖民地繁荣的基础。弗吉尼亚殖民地通过种植烟草找到了出路，随之将其不断发展壮大，为今天的美国打好了建国的基础。拯救了弗吉尼亚殖民地危机的烟草种植业也不断向西部拓展新的耕种土地，形成一股开拓西部的浪潮。

克里米亚战争以及纸卷烟的普及

纸卷烟起源于中南美地区，这里的人们将磨细的烟叶卷入树皮或玉米苞衣中，或是填入芦苇的茎秆中吸食。这种吸烟方式传入了西班牙，进入 17 世纪后，人们又以纹理细致的薄纸代替了玉米苞衣。于是纸卷烟就此诞生。在西班牙，这种将细碎的烟丝紧密填入用纸卷成圆筒的纸卷烟被称作"papelate"。1845 年，法国香烟专卖局将 papelate 冠以"cigarette"的商品名称贩售。由于人们十分喜欢将"cigarette"的名称挂在嘴边，久而久之，商品名"cigarette"取代了"papelate"，成了纸卷烟的代名词。

18 世纪下半叶，纸卷烟的流行程度虽然仍不及西班牙的雪茄烟，但也在西班牙普及开来。到克里米亚战争（1853—1856）爆发前，纸卷烟已从西班牙传播至土耳其，甚至跨越黑海从东欧一路传播至俄罗斯。这样一来，纸卷烟文化在君士坦丁堡（Constantinople）、开罗、圣彼得堡等离西班牙十分遥远的地方也被普及开来。

克里米亚战争发生在克里米亚半岛，是由英国、法国、土耳其联盟军共同对抗俄罗斯军的战争。以这场战争为契机，纸卷烟在整个欧洲流行起来。比起要消耗好几张烟叶的昂贵雪茄和极易损坏的陶瓷烟斗，纸卷烟很有优势，它不需要烟斗，人们将切碎的烟丝用纸卷起来就可以吸食，简单又方便。于是参加这场战争的英军与法军的士兵纷纷从土耳其士兵、俄罗斯士兵那里学会了纸卷烟的制作方法，他们回国后也在各自的祖国掀起了纸卷烟的风潮。

不论是为烟斗的普及作出贡献的三十年战争，还是使得雪茄烟流行于欧洲的拿破仑战争，又或是为了避免患上黑死病开始的吸烟，还有克里米亚战争与纸卷烟之间的种种逸事，每当欧洲爆发战争和疾病时，烟草都会更进一步地广泛流传，更进一步地融入人们的生活。

烟草大王杜克登场

流行于英国的纸卷烟迅速传入了其北美殖民地。纸卷烟在传入北美之初，主要流行于大都市，尤其以纽约最为盛行。早期的纸卷烟都是从英国进口的，到了 19 世纪 60 年代，纽约也开始生产制造纸卷烟。

出生于雪茄烟的产地北卡罗来纳州，经营小型香烟制造厂的詹姆斯·布加南·杜克（James Buchanan Duke），是后来被人们称作"世界烟草大王"的重要人物。对杜克和他父亲共同经营的香烟公司来说，当时市场上存在太多实力强劲的大型香烟公司，杜克认为正面和这些大型公司竞争毫无胜算，于是决定转型，将重心放到都市中心流行的纸卷烟的制造上。

当时的纸卷烟全得靠手工制作，而在巴黎举行的世界博览会（1867 年）上却出现了一台生产纸卷烟的自动卷烟机。这是美国人詹姆斯·本萨克（James Bonsack）的发明，可以在 1 分钟内卷好 200 根纸卷烟，其生产效率相当于 50 个熟练的卷烟工人同时工作的产量。杜克发现这台机器之后，大胆地决定以机械化方式生产制造纸卷烟。

引进本萨克的卷烟机的不是只有杜克，还有其他处于竞争关系的公司。当时这台机器并不对外出售，要使用自动卷烟机需要通过租赁的形式，根据制造的纸卷烟的实际根数支付相应的费用。除了杜克以外，其他公司对机器的性能抱有怀疑和不安，且认为消费者比起机器卷烟来应该会更喜欢手工卷烟，他们认为让机器全面代替手工卷烟还为时尚早。在这之中，只有杜克决定采用本萨克的卷烟机来制造所有纸卷烟，他的这个决定使他破例获得了制造每根烟的使用费用比其他公司便宜 25% 的有利条件。杜克以低廉的租赁成本以及最先决定全面机械化的优越性，在纸卷烟市场的发展上展示了其他公司望尘莫及的领先态势，并于 19 世纪 80 年代末期发展成为全美最大的纸卷烟制造商。杜克的强大攻势，导致经营变得困难的四家竞争对手公司全被吸收合并，成立了美国烟草公司（American Tobacco Company）。杜克以

33 岁的年纪成为年轻有为的董事长。

虽说杜克独占了整个纸卷烟市场，但当时的纸卷烟在整个烟草市场中仅占几个百分点而已，烟草市场有一半是嚼烟的天下。于是杜克将纸卷烟得到的收益又投入到嚼烟市场当中，开始进军嚼烟的领域。在嚼烟领域中，他继续并购相关企业，将并购的公司统合起来最终设立了欧陆烟草公司（Continental Tobacco Company），并吃下了 80% 的市场份额。

发展到后来，杜克仍未成功拿下的只有占烟草生产总量三分之一、销售额占烟草市场总额 60% 的雪茄烟领域了。由于雪茄的制造以手工卷烟为主，只要技术够好，小资本公司也能制造出优质的产品，因此迟迟未发展出大企业垄断的态势。尽管杜克采取了各种各样的方法，但也无法支配超过六分之一的美国雪茄市场。杜克一直独霸美国的烟草市场到1900 年，被人们称作"烟草大王"，在香烟史上占有重要地位。

独特的日本烟草文化

传入日本的时期与地点

关于吸烟风俗传入日本的时期众说纷纭，至今也未有定论。有一种说法是在天文十二年（1543）葡萄牙船只漂流到种子岛时，又有说法是在天文十八年（1549）耶稣会信徒的传教士圣方济各·沙勿略（Francisco de Xavier）登陆鹿儿岛时。丰臣秀吉还在世的天正年间（1573—1592）的日本绘画作品中绘有正在吸烟的欧洲人，由此可以证明烟草最晚在这一时期就已经传入日本。

关于烟草种子最初传入日本的地点人们也是各执一词：有说法是于庆长年间（1596—1614）传入鹿儿岛，有说法是于庆长六年（1601）传入平户，又有说法是于庆长十年（1605）传入长崎，云云。在日本锁国政策彻底实施前，欧洲船频繁进出日本港口，期间欧洲人将吸烟的风俗和烟草种

子带入了日本。直到江户幕府关闭日本的国门，烟草种子早已传入日本各地，并顺应各地的风土气候演变分化出了众多品种。日本国内生产的烟草都经过品种改良，十分适用于日本特有的吸烟工具"烟杆"（Kiseru）吸食，特别适合制成碎烟丝。

根据文献记载，最初传入日本的烟草并不是用日本烟杆吸食的烟丝，而是雪茄烟。元禄时代（1688—1704）出版的《本朝食鉴》是一本记录药用植物和动物的药草典籍，里面提到"欧洲船的商人将烟叶卷成像筚篥一样的筒状，把较宽的一端夹在指间，用嘴吸较细的一端，点燃冒出火星后口中立刻填满烟雾云云"。筚篥是宫廷古乐中使用的约 20 厘米长的管乐器，类似于西洋乐器中的双簧管。由于书中描述欧洲人是将烟叶卷成管乐器的形状吸食，因此可以断定他们吸食的是雪茄烟。《本朝食鉴》中还提到，"后来，从欧洲传入吸烟用的管子，日本人称其为几世流（kiseru）"，由此可见，在欧洲人将雪茄传入日本后，烟杆也随之传入。

日本人宁可选择使用后来传入的烟杆吸烟而不喜欢吸雪茄烟的理由之一在于烟叶的价格。在烟草传入日本初期，烟叶是价格十分高昂的舶来品，而雪茄烟一次需要好几片烟叶才能卷制而成，所以能买得起雪茄的只限于一部分富裕阶层的人。相较之下，用烟杆吸烟时，仅需要将一小撮磨碎的烟丝填入烟杆前端的烟袋锅中即可，对吸烟者而言，用烟杆吸烟的经济负担小，经济实惠。另一个理由在于当时欧洲文化的盛行，在那个时代，身处流行文化发祥地的京都，身上要是没有点来自欧洲的舶来品，就会觉得很没面子。对崇尚欧洲文化的日本人来说，烟杆就是来自欧洲的时尚舶来品。

随时代演变的禁烟令

烟草传入日本后，日本人也和其他国家的民众一样，迅速被烟草的魅力所折服。1613 年到日本就任的英国商馆馆长理查德·考克斯（Richard Cocks）看到日本的"男女老少都很热衷吸食香烟"，十分震惊（引自《伟大的烟叶》/ *Mighty Leaf*）。若是不能生产出便宜的国产烟草代替昂贵的进口烟草，香烟在平民百姓间就难以流行下去。日本国产烟草的问世，促使烟草在民众间快速普及。日本人在短时间内快速习得复杂的烟草栽种技术，并传播至日本全国各地，使得吸烟于庆长年间全面普及。

当时有一群人称荆组和皮袴组的地痞流氓团体在江户市区任意妄为。他们叼着香烟呼朋引伴，打架闹事，到处威胁敲诈，惹是生非，使得百姓惧怕不已。庆长十四年（1609），幕府为了管制扰乱治安的流氓团体，颁布了日本的第一个禁烟令。

庆长十七年（1612），禁烟令的内容变得更加严厉："严禁吸烟。发现买卖香烟者，一经举报即可获得买卖烟草双方的家产作为赏金。任何土地上都不得种植烟草。"庆长二十年（1615）再次颁布相同主旨的禁烟令，紧接在庆长之后的元和年间（1615—1624）不断颁布禁烟令。在第二代将军德川秀忠（1605—1623 在位）掌权的时代也频繁颁布相同主旨的禁烟令。由于德川秀忠将军性格严谨且恪守戒律，十分厌恶扰乱风纪、助长浪费风气的香烟，这也是频频颁布禁烟令的其中一个理由，但其实频繁颁布禁烟令最大的原因是为了确保每年贡米的量。随着香烟消费量的增长，农家更倾向于种植能获得更多现金收入的烟草，而对种植稻米变得敷衍，导致支撑国家经济发展的大米减产。

进入第三代将军德川家光（1623—1651 在位）的时代后，吸烟的习惯已深入平民百姓间，烟草的种植又重新成为一项经济产业融入社会中。尽管此时仍旧实施禁烟令，但其内容已有了实质性的改变。宽永十九年（1642），大饥荒席卷日本各地，幕府禁止在本田，即江户时代本来一直征收租税、记载于检地账的田地上种植烟草，在那以后也不断颁布相同主旨的禁烟令。换句话说，虽然禁止在本田的土地上种植烟草，但在山林、宅地，以及新开垦的田地中种植烟草是被允许的。因此，尽管各种各样的禁烟令不断被颁布，但丝毫不影响烟草的耕作及其相关产业的发展与成长。到了第八代将军德川吉宗的享保年间（1716—1736），幕府对烟草的耕作已不作限制，甚至为了充盈幕府与诸藩的财政收入，开始鼓励大众种植烟草、棉花等经济价值较高的农作物。

日本独有的烟杆

香烟传入日本之后，日本人并没有立即发明出烟杆。正如《本朝食鉴》中所记载的那样，烟杆是由欧洲人传入日本的，但是，不论是来自西班牙还是葡萄牙的欧洲人，当时都流行吸食雪茄烟与鼻烟。暂且不论他们国内的情况，在绘制于丰臣秀吉和德川家康时代的绘画作品中，有许多都出现了

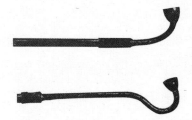

传入日本的两种烟杆状吸烟工具。上为来自原葡萄牙属巴西的烟杆；下为从原西班牙属佛罗里达引进的烟杆。其特征是烟袋锅的部分分别呈 L 字和 U 字形状。

拿着烟杆吸烟的欧洲人。画作中的烟杆共分为两种，一种是外形近似原西班牙属佛罗里达原住民使用的烟斗，另一种则与原葡萄牙属巴西原住民使用的烟斗相近。有鉴于此，日本风的烟杆应该是由这两种吸烟工具演变而来。要探究日本烟杆的来源，就要追溯巴西和佛罗里达的历史。

来自欧洲的烟杆价格昂贵且数量极少，在日本供不应求。当初火绳枪一经传入日本便迅速被国产化，因此对学习能力很强的日本人来说，制作烟杆并不困难。于是在烟杆传入后不久，市面上就出现了由纯银打造并施以雕刻的高级烟杆，以及用罗宇竹制烟杆杆部，搭配黄铜制烟杆头部和吸嘴的平民烟杆等各式各样形状的烟杆。这样一来，往烟杆头部的烟袋锅里填入已捏圆的豆粒大小的碎烟丝，吸两三口后敲掉烟灰。日本独有的吸烟文化就此诞生，别具一格，这与欧美的雪茄、烟斗那种耗时较长，需要慢慢吸食的习惯有着本质上的不同。

在京都的儒医向井震轩所著的《烟草考》（1708）中曾写道："烟草普及天下（中略）无论在何处皆能使用。""无论在何处"绝不是夸张，为此日本发明出独有的吸烟工具"烟袋"与"烟盘"。"烟袋"是为了在外面吸烟方便而发明的随身携带的吸烟工具，由收纳烟杆的"烟杆筒"和盛装烟丝的"袋子"构成。与个人携带的"烟袋"相对的是家家户户都有的"烟盘"。

在烟盘中，会放置由装烟丝的容器、装了炭火的"火皿"（点烟用）、吸完烟后装烟灰的"烟灰筒"以及烟杆构成的一整套吸烟工具。烟盘源自日本香道使用的香盘。在日本香道中，人们通过点燃香木来品鉴香气，而烟盘正是将香炉变成火皿，将香灰盒变成烟灰筒，将收纳香木的小盒子变成小盘子。因此，创造之初的烟盘基本上都是平坦的盘子，随后逐渐制作出船型、盒状等各式精美的烟盘。

从手工切割烟草进入机械化时代

为了方便将烟草填入烟杆的烟袋锅中，需要事先将烟叶切碎制成细细的烟丝。尽管现今随着纸卷烟的普及，烟杆逐渐消失了踪影，但用烟杆吸食烟丝的光景在第二次世界大战后仍然可以见到，这也是日本吸烟文化的象征。切得如同发丝的烟丝也成为世界上独一无二的香烟种类。

在烟草传入日本初期，吸烟者都是自己将买来的烟叶切细切碎后用烟杆吸食，直到 17 世纪 50 年代出现了贩售烟丝的专卖店。这些专卖店俗称"妻卷夫切"，因为都是由妻子在店里将烟叶卷好以方便后续的切割，而在手工切台上将烟叶切细则是丈夫的工作。

关于烟丝，将烟叶切得越细，越能缓和烟叶自身的刺激性，吸的时候味道才会更温和。自从烟丝专卖店出现以来，坊间便掀起了追求烟丝细度的风潮，最终更是出现了 0.1 毫米像头发丝那样细的"极细烟丝"，获得了很高的人气。烟丝专卖店都是通过在店里称重来贩售烟丝，到了贞享年间（1684—1688），出现了很多在路上叫卖的商贩，他们将各个种类的烟丝装入带有抽屉的桐木箱中，然后沿街贩卖。

另外，在一些烟草产地，人们会将烟草切细之后出售。相比之下，将烟叶切丝后能卖出更高的价格，而且农家也可以利用农闲时期贩卖烟丝增加一些收入，但一个切烟丝的师傅一天能切的量平均为 1 千克左右，其产量远远不能满足吸烟人群的需求。

1800 年左右，日本首台烟丝制造机问世。烟丝制造机的工作原理是将烟叶堆叠在一起，集中挤压成块状，再用刨子削成丝，也被称作"刨切机"。虽然烟丝制造机的生产速度是人工切割烟丝的 7 ~ 8 倍，但机器生产出来的烟草在品质上却存在一些问题，因此烟丝制造机主要应用于生产中下等级的烟丝。多年后，在嘉永年间（1848—1854），人们又发明了一种像断头台一样的机械，通过上下动作的刀片来切割烟丝，被称作"发条机"。尽管其生产能力只有"刨切机"的三分之一，但制作的烟丝品质比"刨切机"优秀很多，因此在生产高级烟丝时会用到它。当生产能力媲美"刨切机"的脚踏式"发条机"问世后，产品品质较差的"刨切机"便很快地退出了历史的舞台。

独当一面的成年人才可以吸烟

在江户时代，人们认为只有能在社会上独当一面的成年人才可以饮酒或吸烟。酒和香烟可以使成年人的人际关系变得更为和谐，使人们更容易对彼此敞开心扉，因此酒和香烟都是成年人理想的嗜好品。然而判断一个人是否是能够独当一面的成年人，并不是单纯地通过年龄来判定，而是通过两种能力来判断，一是经济独立的能力，即有"收入"；二是能在社会上找到自己的一席之地，通过"认真工作"来完成自己的使命。

在农村，年轻男子满 15 岁，进入到若众宿[1]后，就会被承认是可以独当一面的成年人。一般商店的学徒在出师开始领薪水时，按照习俗，老板通常会赠送烟袋作为贺礼，拥有烟袋就是被承认是成年社会人士的最好证明。尽管在那个年代香烟十分盛行，但只有独当一面的成年人才可以吸烟，而香烟和酒就成了划分成年人和孩子的特殊分界线。

关于判定成年与否，并没有男女之分。宝历二年（1752）出版的本居宣长的《尾花之本》中写道："如今，各个阶级的妇人都在吸烟，而不能吸烟或使用烟杆的女性反倒让人觉得遗憾。"由此可见，农家和商家的主妇吸烟并不是什么稀奇的事。嫁到农村去的女性具备做家务与务农的体力与知识，当然是独当一面的成年人，没有人会对她们吸烟提出异议。在都市中，大商店里的"老板娘"当然毋庸置疑，即便

1　指年轻人的聚会场所，也指被称作"寝宿"的宿舍，是保留有青年团（若者组）习俗的时代产物。——译者注

岩谷商会『天狗烟草』的海报〔明治三十三年（1900）〕。虽然仅仅是一个背影，但中央的裸妇使海报给当时的人们留下了强烈的印象。（烟草与盐博物馆馆藏）

是住在大杂院里普通百姓的妻子，只要是帮助丈夫劳动以分担家庭生计的女性，都是独当一面的成年人，自然拥有吸烟的权利。然而，武士家的妻子仅料理家事，不为家里贡献实质性的收入，也就是说，她们没有"赚钱"，便不被承认为是独当一面的成年人，因此武士家的妻子就不能吸烟。

纸卷烟的普及与专卖制度

幕府末期开港时，纸卷烟（香烟）传入了日本。而且在明治二年（1869），土田安五郎就已经成功将纸卷烟国产化，并雇用了70名工人制作纸卷烟。受到他的影响，越来越多的人投身纸卷烟的生产工作中。其中，开创"天狗牌"的岩谷松平和"英雄牌"的村井吉兵卫二人成功降低了纸卷烟的价格，为纸卷烟的大众化作出了巨大贡献。

明治十七年（1884），在东京银座三丁目开设店铺的岩谷松平，开始出售一种"天狗烟草"，这种纸卷烟的滤嘴也是用纸筒做的，一经推出便受到人们的喜爱。此外，村井吉兵卫在京都研发不带滤嘴的纸卷烟，并于明治二十四年（1891）成功推出"日出牌"香烟，接着在明治二十七年（1894）推出味道与进口香烟甚为相似的"英雄牌"香烟，皆成为大热商品。随着村井进军东京市场，两者之间便开始了激烈的商业竞争。由于村井在早期就引入了纸卷烟的机械化生产制度，而岩谷则必须依靠手工作业生产带滤嘴的纸卷烟，两者在生产效率上出现了很大的差异，使得村井在这次激烈的竞争中脱颖而出，占了上风。

村井积极投身于制造技术的现代化并试图放眼海外，但碍于自己的资产有限，于是在明治三十二年（1899），与烟草大王杜克领导的美国烟草公司以对等出资的方式共同设立了新公司"株式会社村井兄弟商会"。三年后，也就是明治三十五年（1902），美方主动提出增资方案，但日方因资金不足而无法出资，导致村井新公司的经营权被美国烟草公司夺走。

同年，于海外展开激烈竞争的美国烟草公司与英国帝国烟草公司共同出资，设立了专门经营海外香烟事业的英美烟草公司（British American Tobacco, 简称 BAT）。另一方面，当时村井兄弟商会几乎垄断了日本的无滤嘴香烟的制造，遥遥领先于其他的烟草公司。于是在 BAT 公司问世后，很快就将整个日本的纸卷烟市场纳入麾下。

　　BAT 公司掌握村井兄弟商会的实权，这意味着日本的香烟产业完全被外资控制。明治政府不仅对这一事态感到强烈的危机，再加上为了确保足够的军事费用，以对抗不断南下而来的俄罗斯军队，于是从明治三十七年（1904）7 月 1日开始施行香烟专卖制度。实施香烟专卖制度所获得的税收不仅能保证眼前日俄战争的部分军资，也避免了日本的香烟产业完全被外资支配。

明治时代开始改变的吸烟环境

　　在江户时代，人们必须被社会承认是独当一面的成年人之后才可以公然吸烟，但进入明治时代后，这一门槛逐渐崩解。这是由于随着教育制度的完善，出现了大学、旧制高等学校等，造就了学生这一新兴阶层的缘故。独当一面的条件之一便是经济独立，也就是能够"赚钱"，然而从父母那里得到学费等经济支援的学生虽然没有"赚钱",但他们却无视"独当一面的成年人才可吸烟"这一条不成文的规定,光明正大地吸起烟来。到明治中期,这股吸烟风潮不仅流行于中学生之间,甚至连小学生也开始吸烟。

对此吸烟风潮十分担忧的议员根本正在演说中讲道,"近来,在小学里吸进口烟的孩子日益增加,若是对此置之不理,云云",并向众议院提出"幼者吸烟禁止法案"。这一法案的内容包括"禁止向儿童出售香烟;父母必须阻止儿童的吸烟行为;向儿童出售香烟者处以罚款"等共计四条法令。另外,根据 20 岁就要进行征兵检查的年龄条件,遂将此法案中"未满 18 岁的幼者"这一表述修改为"未满 20 岁的未成年者",法案名也更名为"未成年者吸烟禁止法案"。此法案顺利通过众议院与贵族院的裁决,于明治三十三年(1900)4 月 1 日正式实施。在此之后,人们根据法律,以 20 岁这个年龄限制来判断是否可以吸烟,而不再以是否"赚钱"和有无"工作"这一不成文的规定来判断。

在明治时代改变的另一个吸烟的习惯是,女性对在公众场合吸烟这件事开始有所顾忌。正如笔者前文所述,在江户时代,只要是公认的独当一面的成年人,任何女性都可以毫无顾虑地吸烟。进入明治时代以后,士农工商的身份制度被废除,根据日本政府新制定的民法,在对女性的教育方针上,意在培养贤妻良母。由此导致女性受到江户时代武士家庭的例律约束，只能以妻子和母亲的身份专门在家里处理所有家事。由于这个缘故，"在家中料理家务的妻子不能吸烟"这一舆论开始流行于日本社会。因此不论职业和年龄，女性吸烟开始变得遭人诟病，久而久之，女性也不再在公众场合吸烟了。

烟草的未来将何去何从

当今，围绕烟草存在着与健康、环境相关的诸多问题。自从烟草传入欧洲以来，针对烟草的禁令与谴责就从未停止过，各个国家都存在着这样的问题。到 20 世纪 60 年代后，香烟更是遭受到来自多方面的谴责。社会动辄将吸烟者视为无法自我克制、意志不坚强的弱者，人们多认为吸烟是一种不道德的行为，这些观念逐渐变得根深蒂固。其结果是不吸烟的人获得越来越多的权利，而吸烟者的权利却受到越来越多的限制。

人们反对吸烟最大的理由是烟草的致死风险很高。通过阅读近来关于烟草的报告便可以得知，吸烟已经导致许多人死亡，并且预测在未来有更多的人会因吸烟行为而死。根据自己的意愿吸烟而导致自己死亡，是否也可以理解成是自作自受，自己承担其后果呢？

反对吸烟的第二个主要理由便是二手烟，这就不是自己能够对自己的行为负责的问题了。根据各种研究数据显示，二手烟会增加 30% 以上患肺癌的概率。政府和地方自治团体也是在认识到二手烟危害的基础上，积极推行公共场所禁烟以及分时分区吸烟等政策的。

反对吸烟的第三个理由是吸烟导致的社会性损失。金钱上的损失还可以计算，但烟草引起的死亡、吸烟引起的疾病导致相应增加的医疗费用、劳动力的损失等，如果将它们换算成金钱加起来，无论哪一样都将是天文数字。

在这些理由下，否定吸烟行为的论调获得社会上绝大多数人的支持，但话说回来，使吸烟者真正上瘾的是尼古丁，而尼古丁并非百害而无一益，真正有碍于健康的其实是吸烟产生的烟雾以及烟雾中所含的焦油，但焦油并不会让人上瘾。烟草在世界上大多数国家和地区，以一种难以置信的速度普及、流行并受人追捧，就是因为烟草中的尼古丁对舒缓心情具有非常好的效果，令人想要再次吸食。在世界上流行的四大嗜好品（烟草、酒类、茶、咖啡）中无不含有对转换心情有效的物质：尼古丁、酒精，以及咖啡因。目前各界仍在努力找寻着可以去除对人体健康有害的焦油成分的方法，也许吸烟行为在将来会渐渐消失，但人们还是会以别的方式来利用尼古丁调节心情吧。

第六章

构建肉食社会的玉米

新大陆的主要谷物是玉米

玉米的祖先长什么样

玉米是一种令人不可思议的植物。若将现代形态的玉米直接扔到大自然中，它是无法自己繁衍后代的。尽管玉米穗轴上生长有大量的种子，但由于外表包覆着两三层宽大的苞衣，因此即便种子成熟了也无法向四周散播。到最后，只能在被宽大的苞衣包覆着的状态下，连同穗轴一起掉落地面，里面的几百粒种子会同时发芽，并会相互争夺营养。像这样，最终能成功长大的就只有其中的一两粒种子，甚至有可能会全军覆没，没有一粒种子能长大。换句话说，现代的玉米经过长期的品种改良而演化成现在的外观，只能通过人工收获种子并播种于田地中繁衍后代。从玉米的角度来看，这样的品种改良并不有利。野生玉米的种子成熟之后，会从穗轴上自然脱落，通过这些向四周飞散的种子来繁衍后代，因此野生玉米的外观和现在的玉米肯定完全不同。

目前地球上种植的作物通常是通过自然突变或经人工配种产生变异种，这些根据人们所需而产生的变异种被不断筛选，从而导致了现存品种在形态、特性上都与原始种截然不同。如今种植的作物当中，大部分主要农作物都能找到对应的野生原始种，只有玉米的野生原始种至今仍未找到。玉米的野生原始种肯定是存在的，也许是因为其形态和现在的玉米相距甚远而被我们忽略，又或是因为野生原始种早已灭绝。无论如何，那未被发现的野生原始种从很久以前就开始通过与近亲植物不断杂交，产生了与原始种形态差异颇大的突变种，成为现代玉米的祖先。

兴起于墨西哥的玉米种植

在发达国家，玉米通常被视作粗粮。在欧洲人将小麦等麦类作物传入新大陆以前，玉米是新大陆唯一的谷物，并且是维持当地居民生活的热量来源，是一种不可或缺的重要作物。除了安第斯高原等一小部分地区以外，新大陆的绝大部分地区都发展出以玉米种植为主的农耕文化。其中，最具代表性的地区就是发展出玛雅文明与阿兹特克帝国的中美洲。

玉米的种植是从墨西哥开始的。在距墨西哥城东南方特瓦坎溪谷出土的穗轴。左起依次为公元前 5000 年左右、公元前 4000 年左右、公元前 3000 年左右、公元前 1000 年左右以及现代的玉米。可以看出随着进化变化的穗轴大小。（根据 R.J.Wenke and D.I.Olszewski: *Patterns in Prehistory* 制作）

240 千米的高原地带，有一处特瓦坎溪谷。公元前 10000 年左右，原住民就在溪谷过着狩猎生活，并定居于此直到公元前 6900 年左右。从溪谷的遗迹中出土了大量玉米相关的文物，我们可以通过这些文物全面了解玉米栽培品种的改良过程。

考古学家在比公元前 6800 年前更早的古老地层中并未发现玉米的遗迹。原始种的玉米穗轴被发现于公元前 6800—前 5000 年的地层中，考古学家在这一段地层中挖掘出 2 ～ 3 厘米长的玉米穗轴。此穗轴上排列有 4 列直径约为 5 毫米的小种子，总共约 20 粒，种子的质量合起来也仅有 3 克左右。尽管那时的玉米非常原始，但到公元前 5000

年左右，这种原始形态的玉米已经成为人们种植的基础农作物之一。公元前 3000 年左右，农耕生活正式开始，因此出土的文物中出现了穗轴较大的栽培种玉米，和现在的穗轴形态相似的玉米则出土于公元前 1500 年以后的地层。从那以后，墨西哥以外的地区也开始种植和现在的栽培种相同品种的玉米了。

适合种植的特性

虽然玉米是禾本科植物，但与同属于禾本科的水稻、小麦相比，玉米在种植上有许多的优良特性。第一个特性是，玉米与甘蔗一样，可以生成大量构成植物体的淀粉质与纤维素。大部分植物的叶子中含有叶绿素，在接受太阳光的照射后，叶绿素会结合从地下吸收的水分，以及空气中的二氧化碳一起作用生成葡萄糖。叶子生成的葡萄糖会运输到植物的各个组织中，在叶子和茎部形成构建组织的纤维素，运输至种子或根茎处则转换成淀粉储存起来。植物利用二氧化碳和水制造葡萄糖的过程被称为光合作用，换言之，玉米光合作用的效率远高于水稻和小麦。

收获量与播种量的比率被称作收获率，比较禾本科谷物的收获率，从低到高依次为小麦、水稻、玉米。18 世纪初，欧洲的小麦收获率最多是 5 ~ 6 倍，也就是说，播种 1 千克种子只能收获 5 ~ 6 千克小麦。水稻的收获率要高一些，在江户时代就有 30 ~ 40 倍，现在则可超过 100 倍。换句话说，播种 1 千克稻米，到了秋天可以收获 100 千克以上的大米。然而玉米的收获率又远远超过水稻，在现在播种一粒玉米种子，可以收获长有 800 粒种子的穗轴。

玉米比小麦多出的优势并不只是收获率高这一点而已。在同等面积的土地中，可收获的玉米质量是小麦的 3 倍以上，在谷类当中，没有可以在单位面积的收获量上与玉米匹敌的作物。而且与挑剔土质的小麦所不同的是，玉米即便是在贫瘠的土地上也可以种植，还可以实现小麦无法实现的连续耕种。

玉米的第三个优势是，可以适应各种气候条件。玉米原本是一种适合在 30 摄氏度左右、温暖且光照较好的土地上生长的作物，后来在从新大陆北部的加拿大普及至南部的阿根廷的过程中，适应了各地的风土气候，从而演化出各种各样的品种。这样就导致了既有在干燥的高原生长的玉米，也有在湿地中生长的玉米，还有喜好在炎热的沙漠附近生长的玉米，以及可在加拿大的大西洋沿岸的寒冷气候中生长的玉米。玉米可在各种各样的气候条件下生长的特性，使其成为一种在地球上的大部分地区都可以种植的作物。

巧妙的三种作物混合式种植法

新大陆的原住民从公元前 5000 年就开始种植玉米，直到公元前 1000 年左右，以玉米为主，同时混合种植扁豆、南瓜三种作物，发展出一种非常独特的玉米种植法。这种混合种植方式的特色在于，将三种作物的种子同时播种于土地中，玉米会随着生长茎部变得越来越高。扁豆是攀缘植物，需要支柱才能攀缘，玉米的茎部正好成为扁豆得以攀缘的支柱。和扁豆的根共生的根瘤菌会吸收大气中的氮，将其变成有机氮，于是自动为耕地提供天然的氮肥。南瓜攀附于地表生长，因此生长的空间不仅不会与玉米、扁豆发生冲突，南瓜的叶子还可以覆盖土地抑制其他杂草的生长，也能起到防止土地干燥的作用。

同时种植这三种作物的方法不仅仅是一种优秀的种植技术，从营养学的角度来说也是非常有意义的组合。玉米所含的蛋白质氨基酸值十分低，仅有 13，在人体内的利用效率也不理想，若以玉米为主食，就必须在副食中补充足够的蛋白质，否则仅靠玉米将无法维持生命活动。在新大陆不像欧洲有猪肉这类适合提供食用肉的大型家畜。在当时的新大陆，饲养用于食用的动物只有火鸡、鸭、食用犬等，平民百姓很难有机会通过吃肉来摄入蛋白质。

根据《日本食品标准成分表 2010》的内容，扁豆含有接近 20% 的蛋白质，所以将扁豆和玉米一起食用，扁豆可以弥补玉米所缺乏的蛋白质，是非常好的搭配。此外，在那个甜味调料只有蜂蜜的时代，南瓜的甜味不仅深受人们喜爱，还能为人体提供维生素 A。在缺乏动物性脂肪也没有大豆的新大陆，富含 50% 以上脂质的南瓜种子则成为重要的油脂来源。在以玉米为主食的新大陆，将玉米、扁豆、南瓜三种作物同时种植，从而使人们的饮食营养更加均衡。

原产地的玉米食用法

小麦通常会被磨成小麦粉，揉成面团后发酵，再烤制成面包、蒸成馒头，或者用磨好的小麦粉加工成面点类，而关于大米的食用方法，尽管有些地区会先将大米用油炒过之后再加水煮饭，但基本上都是直接往米中加水煮成米饭食用。谷物的烹饪方式一般都存在全世界共通的料理方法，而放眼以玉米为主食的地区的烹饪方法，却找不到共通的料理方式。将玉米作为主食端上餐桌的有原产地的中南美地区、非洲诸国、中国的华北地区等，而这些地区的烹饪方式却各有不同。

玉米的原产地中美洲早期的食用方法是将成熟的玉米粒煮软，或是将晒干的玉米粒用石头砸碎，制成粉状用来做粥。

公元前 2000 年左右，自从用碱处理玉米粒的方法出现以后，玉米就成为中美洲饮食生活最主要的食物了。

玛雅族人和阿兹特克族人用加了石灰或草木灰的水去煮玉米，并放置一晚。第二天早上，包裹着玉米粒的透明硬皮就变得十分好剥了。洗去这层硬皮后，将柔软的玉米粒放进一种叫作"Metate"的石臼中磨碎，制成被称为"马萨（Masa）"的光滑玉米粉。以马萨为基底可以制作出各式各样的料理。虽然玉米经过了石灰和草木灰的加工，但玉米作为食物的营养价值并没有流失。与晒干后磨成粉再进行料理的方式相比，马萨不仅拥有独特的香气，经石灰和草木灰处理后也含有较多的矿物质。

将马萨的粉团用手捏成圆盘状，再放置到加热的陶器或铁板上稍稍煎烤两面，薄而柔软的煎饼状墨西哥玉米饼（tortilla）就做好了。在不同地区，做成的玉米饼的大小也不同，从直径 30 厘米的大饼到直径 5 厘米的小饼都有。玉米饼在中美洲可以说是当地人的主食，他们的餐桌上随时都放着墨西哥玉米饼，几乎餐餐都会吃。

玉米饼最具代表性的吃法之一就是墨西哥卷饼（Taco），这也是墨西哥人的国民料理。墨西哥人将餐桌上的肉、海鲜、香肠、芝士、蔬菜等食材，按自己的喜好随意地夹在玉米饼中卷起来，再蘸碎辣椒制成的酱汁食用。乡下的小街小巷中，街角通常摆有许多卖小吃的摊位，其中有很

大部分都是墨西哥卷饼店。小吃摊的墨西哥卷饼作为两餐之间的加餐或夜宵，深受当地人的青睐。

玉米在安第斯地区是酿酒原料

　　玉米虽然也传入了发展出印加文明的安第斯山脉，但玉米在那个地区的使用方式和原产地的中美洲截然不同。在安第斯山脉，包括海拔 3 000 米的高原在内都种植着大量的玉米，但是，仔细观察原住民后裔的日常饮食，却发现他们食用玉米的量并没有像种植的那么多。原来，安第斯高原种植的玉米主要是被当作酿酒的原料来使用的。在有些地区，收获的玉米中有 80%～90% 的量都用于酿造吉开酒（chicha），因此用玉米酿的酒在此地十分常见。

啤酒由大麦发的芽酿造而成，而吉开酒则以发芽的玉米为原料制成，玉米酿造出的吉开酒酒精含量非常低。吉开酒对安第斯的居民来说是一种非常重要的酒类，是祭典和宗教仪式上不可或缺的饮品。据说在举行祭典时，安第斯山脉的人们会整夜喝着吉开酒跳舞庆祝。有时祭典会持续一周，届时吉开酒的消耗量就会十分惊人。其实，不仅是在祭典和宗教仪式上，在务农或者从事体力消耗大的工作之后，人们在休憩时也会饮用吉开酒，既解渴，还能消除疲劳。

在印加帝国，作为酿造吉开酒原料的玉米远比只能作为热量来源的马铃薯的食用价值高出许多。虽然安第斯高原的原住民吃玉米的频率并不高，但他们会将玉米做成炒玉米粒（Cancha）和煮玉米（Mote）来吃。炒玉米粒就是将刮下来的玉米粒炒熟，这样不仅耐于保存且携带方便，因此在外出务农或旅行之际食用炒玉米粒的情况比较多。煮玉米则是将玉米粒，或连同整个穗轴一起放入水中煮。由于大部分玉米都被用于酿造吉开酒，因此安第斯山脉的饮食结构还是以马铃薯为主。

普及全球的玉米

欧洲人与玉米的相遇

哥伦布一行人抵达西印度群岛后，在周边岛屿探索黄金与香辛料期间，发现了许多前所未见且不可思议的事物与光景，其中之一就是玉米。在《哥伦布航海日记》10月16日的那一篇中就首次出现了关于玉米的记录。

> 这座岛（巴哈马群岛之一的长岛）绿油油的，地形平坦，土壤肥沃。这里长年种植并丰收玉米，其他作物也一定是这样。

在航海中与哥伦布同行的拉斯·卡萨斯神父的著作《西印度群岛通史》中也提到，长岛的玉米播种之后，每年至少可以采收两次。此外，在《哥伦布航海日记》11月6日的那一篇中，也记载了探索伊斯帕尼奥拉岛内陆的两个部下回来后，向哥伦布报告"岛上也有玉米"的情形。不仅仅是长岛和伊斯帕尼奥拉岛，加勒比海的各个岛上都普遍种植玉米。玉米这种长得比人还高，穗轴上长着比小麦粒大得多的玉米粒的植物，让哥伦布感到十分新奇。尽管玉米在哥伦布一行人的眼中不过是新奇的植物，但在不久之后，玉米就成为家畜的饲料，并逐渐成为人类的重要粮食，也成为构建欧洲肉食文化的中流砥柱。

维持移民生活的谷物

自哥伦布开拓新大陆航线以来到 17 世纪，许多欧洲人告别并不轻松的欧洲生活，漂洋过海来到新大陆开始新生活。踏上新大陆土地的人们首先看到的是硕果累累的玉米田，而不再是故乡那种麦浪随风摇曳，牛羊低头吃着牧草的风景。移民们上陆不久后便明白，这片土地上是长不出一根麦子的，而玉米才是他们赖以生存的食材。

多数移民都是靠着玉米才勉勉强强活下来的，其中有一个有名的例子便发生在清教徒前辈移民（Pilgrim Fathers）一行人身上。他们共 102 人，乘五月花号于 1620 年 12 月 26 日渡海来到（马萨诸塞州的）普利茅斯。由于普利茅斯在 3 年前爆发了欧洲传染病，许多没有免疫力的原住民们丢了性命，因此这里大部分地区一直保持着无人居住的状态。

通常情况下，殖民者首先面对的最大难题是必须要处理与原住民之间发生的各种矛盾，而清教徒前辈移民却不用面对与原住民之间的冲突。登上这杳无人烟的土地，不费吹灰之力就得到了原住民留下的住所和耕地，这般情形于他们而言，简直是难以言状的幸运。

幸亏这群清教徒前辈移民在登陆普利茅斯的前一个月，偷偷从其他地方偷走了一些玉米，做好了越冬的准备，才使得他们迎来第一个严峻的冬天时，有半数人能在那史无前例的寒冬中幸存下来。到了春天，有一位在传染病爆发时侥幸活下来且会讲英文的原住民，无私地教会移民们玉米的种植方法，以及使用鱼做肥料的种植技巧，让移民们在秋季能够迎来丰收。要是没有他的话，换句话说，要是没有机会学习玉米的种植方法，这一群清教徒前辈移民将无法在那之后连续几年的严寒侵袭中生存下来。

玉米对移民们而言是一种陌生的植物，最开始食用玉米时自然是有些犹豫的，然而，移民们将自己带来的小麦和大麦种子播种后，小麦和大麦由于无法适应当地的风土气候，并没有迎来他们所期待的丰收。迫于无奈，移民们只好开始食用玉米，玉米很快就成为他们饮食生活中不可取代的谷物。正如"吃下玉米的瞬间，欧洲人就变成了美洲人"这句话所说的那样，玉米牢牢地扎根于初期移民的饮食生活中。

听到英语"corn"这个词，大多数日本人都会条件反射般地认为"corn"指的是玉米。然而"corn"原本是表示"谷粒"或"谷物"的单词，后来演变为表示各国具有代表性的谷物的代名词。例如，"corn"在英国指的是小麦，在苏格兰、爱尔兰则指的是燕麦，在美国、加拿大、澳大利亚指的是玉米。顺便值得一提的是，在英文的发祥地英国，表示玉米的单词是"maize"。而"corn"在美国、加拿大所代表的意思正好表现出对去往新大陆的早期移民们来说，玉米是比小麦等麦类作物更为重要的谷物。

传入欧洲的玉米

根据文献记载，哥伦布在结束第一次航海返回西班牙时，玉米被不经意间带回了欧洲。隔年，西班牙就已经开始种植玉米了。玉米在传入欧洲初期并没有被人们当作食物，人们认为玉米穗尖上垂落的玉米须很美，将玉米当作观赏用的珍贵植物种植。

最初被哥伦布一行人带回欧洲的玉米品种是加勒比海岛上种植的玉米。这些原本在热带生长的玉米当然不能立即适应欧洲的寒冷气候，所以这个时候的玉米种植还未能完全普及。进入16世纪后不久，有人将盛夏平均气温也不超过20摄氏度的墨西哥中央高原玉米带回栽培种植后，玉米开始普

抵达华特林岛的哥伦布以及献上各种各样礼物的原住民。（Theodor de Bry）

遍种植于欧洲较为温暖的西班牙和意大利地中海沿岸地区，1502 年左右西班牙北部也开始了玉米的种植，并且种植的区域在逐渐扩大。

16 世纪中叶，法国也普及了玉米种植，到 16 世纪末，从巴尔干半岛到土耳其都普及了玉米种植。普及法国的玉米与被称为全球三大珍味之一的鹅肝密不可分，饲鹅者为了使鹅的肝脏肥大，形成脂肪肝，每天都以大量玉米做饲料给鹅喂食。

同样是在 16 世纪，美国北部、加拿大的西南部等北美较寒冷的地区种植的玉米传入英国、法国、德国等欧洲中部至北部的地区并开始种植，但是，在这些地区，玉米作为食物并没有得到很高的评价，更无法成为当地人的主食。

将锅中煮好的玉米糊端上桌的情形。（彼得罗·隆吉的画作《玉米糊》/1740 年左右）

同一时期，葡萄牙也将玉米传至极东之地的日本，关于此，笔者将在后文中作详细的叙述。

二级谷物的烙印

虽然玉米作为谷物被传入了欧洲，但像是加入强碱煮沸后磨粉制成马萨、烤制墨西哥玉米饼、食用墨西哥卷饼等发祥于玉米原产地的饮食文化却没有相应地传入欧洲。于是欧洲人的玉米料理法便是将玉米磨成粉后加水煮，或者直接将玉米粒煮成粥吃。无论如何，用玉米做出来的料理都比不上小麦粉制作的面包好吃。不能制成面包的玉米无法满足欧洲人的味蕾，而且玉米也不像马铃薯那样可以补充人体所需的维生素C，因此玉米并不受欧洲人青睐。用玉米粉做的粥与贫穷农民平时吃的用大麦和蔬菜做的大杂烩差不多。由此可见，玉米在传入欧洲初期，是地位最低的热量来源。

玉米传入欧洲时被命名为"土耳其小麦"或"土耳其玉米"，尽管这些名称都具有谷物的意味，但欧洲人却始终不认同玉米是谷物的一员，甚至还说"土耳其小麦的营养价值不仅比任何麦类作物都要低，而且还很硬、很难消化，哪里是人吃的？应该是喂猪的食物"，对玉米的评价很低。于是玉米就这样被打上了二级谷物的烙印，自然是与上流阶层的餐桌无缘。

整个欧洲只有意大利北部和罗马尼亚将玉米作为日常主食。这两个地区的居民都是将玉米粉溶入水中加热，制成玉米糊后食用，这种玉米糊在意大利北部被称为"polenta"。将搅拌好的玉米糊放入加热的大锅中摊平，待其冷却后再切分开来，浇上用番茄和辣椒制成的酱汁食用，或者搭配牛奶和蜂蜜当作早餐。在现代的意大利，玉米糊都是当作炖煮的野鸟、兔子料理或香肠的配菜被端上桌的，但在以前却是穷人的主食。在罗马尼亚，玉米糊又被称作"Mămăligă"，与意大利北部的"polenta"一样都是将玉米煮成糊状，但"Mămăligă"通常和熏制的猪肉肥肉一起炒，加上芝士一起食用。

玉米成为非洲大陆的主要谷物

　　玉米于 16 世纪中叶传入非洲大陆，最初由意大利或西班牙传入非洲北部。农耕文化的传播速度会因传播的方向不同而产生巨大的差异。在气温和日照时间相似的东西方会传播得十分迅速，但气象条件差异极大的南北方传播起来就十分困难。不仅如此，从非洲北部传往非洲中部时，广袤的撒哈拉大沙漠则成为阻碍其传播的一面巨大的屏障，而如今，玉米是非洲中部人民主要的热量来源，但这个地区的玉米并不是从非洲北部传播而来，而是另有路径。

　　17—18 世纪，在美国东海岸、中美洲、巴西一带的殖民地盛行开辟农庄，利用原住民和非洲奴隶作为劳动力种植甘蔗（砂糖）、烟草（香烟）、咖啡（咖啡豆）等作物，再将生产的商品大量出口至欧洲。在当时，砂糖、烟草、咖啡等商品都是需要大量劳动力才能生产的典型劳动密集型产业。在苛刻的劳动条件以及恶劣的生活环境下，奴隶得不到作为人应该有的待遇，寿命也都较短。由于欧洲对这些殖民地产品的需求在不断增加，导致新大陆对奴隶的需求也与日俱增，然而仅靠当地原住民已经无法满足需求，于是，奴隶贸易便在这样的时代背景下诞生了。

　　欧洲人将武器和日用品载入货船从欧洲运往非洲，到了非洲西部后就贩售掉这些货品，再购入奴隶。得到武器的部落就会利用他们购得的火枪镇压周边的其他部落，俘获奴隶再卖给欧洲人。欧洲人购入的奴隶被送回新大陆卖给农庄的经营者，再将砂糖和烟草等殖民地的产品装载到返航的货船上运往欧洲，这便是奴隶贸易的基本流程。大多数被当作奴隶带走的非洲人都来自几内亚湾沿岸，包括现在的尼日利亚西部、多哥、贝宁、加纳东部沿岸，也就是过去被称为"奴隶海岸"的地区，直到美国废止奴隶制的1865年，在这数百年间，有超过1 500万名非洲人被当作奴隶送往新大陆。

在奴隶贸易开始后不久，葡萄牙的奴隶商人为了在货船内提供便宜的食物给运往新大陆的奴隶，开始将玉米带往非洲西海岸，并在非洲西部种植玉米。最终，非洲居民也意识到玉米是一种优秀的热量来源，开始在各地种植玉米供自己食用。在玉米传入之前，非洲的农业是以高粱和御谷的种植为主，之后种植玉米的比例越来越高，最近呈现取而代之之势。

在中美洲用石灰和草木灰处理玉米后食用的中美洲饮食文化并没有传入非洲。在非洲，根据地区不同，对玉米糊的称呼也各有不同，如 ugali、ogi、tô、bidia 等，大多将玉米粉煮成粥，搭配浓淡不同的辣椒酱汁或炖菜一起食用。除了盐以外，源自新大陆的作物包括作为主食的玉米和不可缺少的调味料辣椒等，不知不觉地融入了非洲的饮食结构，并逐渐构成其饮食的基础。

玉米无法成为日本人的主食

途经好望角前往亚洲的航线开通以后，葡萄牙人从1500年左右开始进出亚洲，玉米就在此时经由葡萄牙人之手传播至亚洲各地。玉米最初是在天正七年（1579）传入日本长崎。在那之后，玉米成为阿苏山麓的主要农作物，再从灌溉不便的山中向东传播至富士五湖的周边地区种植。当时的玉米是一种被称作硬粒玉米（flint corn）的品种，而现在则被当作家畜饲料种植。我们熟悉的食用玉米则被称作甜玉米（sweet corn），是和硬粒玉米完全不同的品种，通常用来做烤玉米、玉米罐头、冷冻玉米等。

众所周知，阿苏山麓与富士五湖地区自古以来都以玉米为主食。在《本朝食鉴》的"南蛮黍（过去日本将欧洲称为南蛮）"这一项中提到，"可烤熟后食用，也可晒干磨粉制成糕饼"，由此可知，玉米在这两个地区是被磨成粉做成玉米饼吃的。尽管玉米是一种收获率非常高的作物，但由于日本已种植有水稻这种极佳的谷物，因此除了灌溉不便、难以种植水稻的土地以外，玉米很难登上当地居民主食的宝座。

日本从古老的江户时代就开始食用玉米，一直持续到现在，如今一提到玉米，一般印象中都是将生玉米烤熟或蒸熟，将其作为零食食用。

自从明治时代导入新品种之后，玉米开始在日本全国各地广泛种植。在那以前，种植的玉米品种都是从欧洲传入的硬粒玉米，在明治三十七年（1904），从美国传入属于甜玉米的一种金班腾（Golden Bantam）品种，在北海道开始种植。金班腾品种的甜味深受日本人的喜爱，在日本迅速普及开来，人们不仅将玉米当作蔬菜烤制或清蒸，还会将其加工成罐头或冷冻食品。

现在，日本种植的玉米共有两种：一种是可以生食或适合制成罐头与冷冻食品的甜玉米；另一种则是趁茎叶还未成熟时收割来作为家畜饲料的源自欧洲的硬粒玉米，不过这种硬粒玉米最近逐渐被来自美国的马齿种玉米（dent corn）所取代。

玉米构建的现代肉食生活

玉米作为谷物不受青睐的原因

玉米在日本被当作粗粮之一，并不算最重要的食用作物，但放眼全球，玉米与水稻、小麦的生产量都非常高，被称作世界三大谷物。根据 FAO（联合国粮食及农业组织）发表的 2009 年度农林水产统计的数据，全球生产量最高的作物从高至低依次为玉米 8 亿 2 271 万吨、小麦 6 亿 8 995 万吨、水稻（含稻壳）6 亿 8 501 万吨。在数年前，三者的生产量都还在 6 亿吨的范围内呈势均力敌的态势，而近几年来，包括美国在内的许多国家对制造生物燃料用的燃料乙醇需求急剧上升，这也带动了其生产原料玉米的生产量，使得玉米位居榜首。

在大部分国家和地区，生存所需的热量来源几乎都要依靠三大谷物和马铃薯。由于三大谷物都是作为热量来源食用的谷物，因此通常同餐都会搭配肉类或鱼类等动物性蛋白质，抑或是豆类等植物性蛋白质的餐食，那么比较三大谷物中蛋白质的含量没有任何意义。但是，在缺乏含有蛋白质的配菜时，尤其是贫困家庭难以摄入蛋白质类食品，光是搭配加了盐、辣椒等调味料的蔬菜时，那些谷物所含蛋白质的优劣带给人体的影响就很大了。

在三大谷物中，蛋白质氨基酸含量最低的就是玉米。在玉米所含的蛋白质中，属于人体必需氨基酸之一的赖氨酸含量尤其低。在以鼠为对象的实验中，科学家仅投喂玉米饲养鼠时，鼠无法健康生长。人类的情况也如此，用餐时仅食用大量玉米果腹是无法摄入足够的赖氨酸的。所以在长期以玉米为主食的情况下，必须搭配其他富含蛋白质的配菜。否则，即使每天都摄入足够一日活动的热量，长期而言也会引发肌肉、内脏、血管等组织部位的异常，致使人体无法维持健康的状态。

在比较各种食物的优劣时，除了从营养层面来对比，"好吃""难吃"等口味的喜好问题也不容忽视。就算营养价值再高，要是味道难吃就没有人会去吃。对食物的喜好会因个人而异、因地区而异、因民族而异，所以不能单靠"好吃""难吃"来判断。另外，还要考虑到口感、吞咽感等食物在口腔内的物理触感等各种复杂的因素，很难简单地比较哪种食物更美味。就好不好吃而言，三大谷物中日本人觉得最好吃的是玉米。虽然大米排在玉米后面，但人们每天吃米饭也不会厌烦。可是，要是将比大米"好吃"的玉米当作主食替代大米每天食用的话，日本人肯定很快就会吃腻。由此可见，对日本人来说，玉米是吃起来很美味却不适合当作主食的谷物。

玉米的适用范围非常广泛

全球最大的玉米生产国是美国，FAO 的统计数据显示，美国在 2009 年度的玉米生产量占全球玉米生产总量的 40% 以上。在美国国内，玉米最大的用途便是当作家畜的饲料，玉米生产总量中超过四五成的量都被家畜所消耗，仅 14% 的玉米用于出口海外。余下的玉米会被用于制作燃料乙醇、玉米淀粉、高果糖浆（后文将详细叙述）等产品。

美国的玉米出口量占了全球玉米出口量的 60% 以上。说到日本的玉米田，种植的要么是作蔬菜食用或加工用的甜玉米，要么是在成熟前收割做家畜饲料的品种，人们并没有把玉米当主食来种植，并且玉米大多依赖进口，日本是全球最大的玉米进口国，每年都要进口 1 700 万吨玉米，而这其中的 95% 以上都来自美国。日本缺少适合种植饲料用谷物和牧草的土地，进口的玉米中有超过 70% 的玉米都是用于制作家畜或家禽的混合饲料。暂且不论日本和美国，整个欧洲要是没有作为饲料的玉米，那就无法维持现在肉食的水准。

在日本，从进口的玉米中扣除用作饲料的玉米量后，剩下的约占 22% 的玉米被当作生产玉米淀粉的原料，另有 7% 的玉米磨成玉米糁用于酿酒或制成糕点。红薯、马铃薯等都是常见的淀粉原料，但最常使用的是价格相对便宜的玉米。淀粉可以用于生产食品、纤维、纸张等各种各样的产业之中，其中最大的用途则是用于食品加工，包括制作含有麦芽糖、高果糖浆、葡萄糖等的"糖化制品"糕点。除了糖化制品以外，淀粉还用于制作鱼糕、圆筒状鱼糕、火腿、香肠、浓汤、酱汁等。

在淀粉溶液中加入酸或酵素后使其水解，在分解过程中中断反应则可得到麦芽糖，让其反应至最后则得到葡萄糖溶液。葡萄糖的甜度是砂糖甜度的 70%，刚完成反应得到的葡萄糖溶液很难直接代替砂糖。将加水分解后的葡萄糖溶液再和其他酵素反应，葡萄糖的一部分将转变为甜度是砂糖 1.5 倍的果糖。通过这个过程制成的葡萄糖和果糖的混合溶液被称作高果糖浆。高果糖浆的甜度和砂糖不相上下，按体积换算后，价格也比砂糖便宜，因此在食品业界通常以高果糖浆代替砂糖，作为天然甜味剂使用。在碳酸饮料和果汁饮料中使用的甜味剂通常也是高果糖浆。

养殖肉鸡带动大量肥育产业

在日本和美国，玉米最大的用途是作饲料，且完全由大量肥育产业所消费。大量肥育指的是在有限空间内集中饲养大量家畜或家禽，通过喂食大量以谷物为主的混合饲料，在短时间内将其养肥养大，是一种量产肉类的饲育方法。作为大量肥育的成果之一便是美国人每年消费的肉类总量在2008年达到206磅（约93.4千克）。另一方面，根据日本同年肉类的《食料需给表》的记录可知，日本人每人每年要消费28.5千克的肉食。

要是没有玉米的话，就无法制造足量以谷物为主的混合饲料，不论是肉类的生产量还是人均肉类消费量都会急剧下降，肉类的价格将会居高不下。牛、猪、鸡的产量之所以能满足现代庞大的肉食需求，是因为建立了完整的大量肥育系统，而大量肥育得以实现得归功于玉米。

在第二次世界大战中，有许多美军被派遣至欧洲大陆参战，为调动其积极性，美国政府决定增加士兵餐食中的肉食量。军事用的肉食需求量突然增加，而畜产农家通常是根据未来需求来制订肥育家畜或家禽的计划，因此不可能立即增加产量。牛与猪自不必说，就连肥育需时最短的鸡，从小养到能够满足发货要求也需要一定的时间。也就是说，若要增

加饲育数量，也必须相应地增加设备。

为了满足突然增加的军需，过去市场保持的供需平衡被打破，人们绞尽脑汁，必须在短时间内整合供肉体制。在这样的背景之下，美国研发出一种工业化的肉鸡饲育法，可以在短时日内将雏鸡饲育为成鸡。这种方法将大量雏鸡集中于室内，投喂足够多的谷物饲料，便可以在短时间内量产肉鸡。这种肉鸡饲育法是现代大量肥育产业的原点，且不局限于肉鸡，也可以应用于牛、猪、鸭等各种家畜、家禽的饲育上。

以前，雏鸡都是在庭院中晒着太阳，啄食草丛或土地中的虫健康成长，而现在这些雏鸡则被集中关在狭窄昏暗的鸡舍中，无法自由活动。人们正是为了限制雏鸡的运动量，抑制雏鸡的热量消耗从而达到肥育的目的。由于挤在鸡舍里的雏鸡不能自己觅食，要使大量肥育能够成功，首先就要保证充足的饲料供应。

移居新大陆的欧洲人通过欺骗原住民、利用武器威逼或是利诱等手段，掠夺原住民的土地，开垦草原和森林，兴起大规模的农业。之后，谷物的生产量随之增高，不仅满足了人口增加所导致的粮食需求，甚至还有剩余。多余的谷物将如何处理或者谷物的价格如何维持稳定等，变成了一个社会问题。将生产量不断增加的玉米谷物当作大量肥育的雏鸡饲料使用，美国的粮食浪费问题也因此找到了一种解决方式。

实现大量肥育的技术开发

为了实现大量肥育的目标，仅简单地准备好充足的饲料还不够，一些新技术的开发显得十分必要。应用于大量肥育的新技术之一就是于 1935 年开发完成的维生素 D 合成技术。鸡与人类一样，雏鸡必须摄取足够的维生素 D 才能维持骨骼的正常发育。通常情况下，只要照射到太阳，阳光中的紫外线会使皮肤内自然生成维生素 D，所以那些在庭院里放养的鸡不需要专门喂食维生素 D，但挤在昏暗鸡舍里的鸡就不同了。在无法受到太阳光照射的鸡舍中饲养雏鸡，当然会导致其缺乏维生素 D，骨骼无法健康发育，也就是说，会饲育出畸形的成鸡，这种鸡无法进入市场贩卖。幸运的是，维生素 D 合成技术的诞生解决了这个问题。在鸡的饲料中添加合成的维生素 D 后，即便是在不见天日的鸡舍中，雏鸡也能正常发育。

另一个影响较大的技术开发则是预防传染病的抗生素。其实不仅局限于鸡，将大量动物集中于狭窄的场所中饲养时，只要传染病爆发，便会很快蔓延开来，从而造成巨大的经济损失。雏鸡被关在远离阳光和土地的地方，空间狭窄无法活动，动物本能被极度压抑造成雏鸡心理极度压抑，导致免疫力低下。为了避免大量肥育的雏鸡受到传染病的威胁，必须事先将传染病的预防药物混合在饲料中投喂。

1940 年以后，各种抗生素陆续被研发出来。1941 年，青霉素问世，这也是世界首个投入使用阶段的抗生素。后来，在第二次世界大战中奇迹般地治好了英国首相温斯顿·丘吉尔肺炎的青霉素、对治疗结核病具有显著效果的特效药链霉素等许多抗生素逐渐进入市场。抗生素对细菌感染引起的病症显示出很好的疗效。实验证明，自从往鸡饲料中投喂抗生素以来，对鸡舍内发生细菌性疾病起到了非常显著的预防效果。

如此一来，为实现"用最少的饲料在短时间内获得更多的肉食"这一目标，大量肥育的手法在雏鸡身上顺利构建。

这项技术后来也成为世界各国畜产近代化的范本，被应用至牛肉以及猪肉的大量生产中。要是没有牛、猪、鸡等的大量肥育法，现代畜产业也无法成立，当然也就无法维持肉食的消费量了。

不断变化的家畜饲育概况

不论是肥育牛、猪还是鸡，要在短时间内获取高品质的肉，投喂高热量的谷物饲料都是饲育的重心。考虑到价格和热量这两个方面，谷类中最适合作为饲料的谷物便是玉米，尤其是肉鸡的饲料。由于鸡特别喜食玉米，所以肉鸡的饲料中玉米的比例高达 50% 以上。要是没有玉米，肉鸡产业将无法发展，就算勉强发展，也无法避免饲料与肉鸡的价格暴涨等问题。

另一方面，肉牛的饲育和肉鸡的情况相差无几。在以前，养牛者通常是将断奶的牛犊在牧场上放养，让它尽情地吃草，但这样的方法却很难使肉质柔软以满足消费者的喜好，而且将牛犊养成成牛的饲养时间也较长。后来养牛者开发出肉牛的肥育法，即在达到销售标准可供发货的 3 ~ 4 个月前，将肉牛关进牛舍限制其运动，投喂以谷类为主的高热量混合饲料，这样就能使肉牛的肉质松软。如今，由于母牛的牛奶也

可以卖钱，所以牛犊在生下来一周后就人工喂养代用乳，断奶后也不放牧吃草，持续豢养在牛舍中以混合饲料饲育，这样就能在短时间内实现肥育，从而提高销售效率。过去以牧草为主的饲育方法，要养出体重达 500 千克的牛出售，至少得花费三年，而若以最近的肥育方法饲养，则可以将饲育时间缩短至出生后的一年以内。

　　在很久以前，家猪都是在户外饲养，它们晒着太阳在泥泞中打滚，吃着饲主从近邻那里收集来的残羹剩饭长大。后来，家猪的肥育方法发生了很大的变化。生下来的小猪断奶后，以一胎（约十只）为单位豢养在肥育室中。机器负责投喂混合饲料，家猪便挤在昏暗的猪舍里迅速长大。在过去，饲养一年也长不到 100 千克的家猪，现在生下来不到半年时间就能超过 100 千克，可以作为商品送往肉食市场了。

混合饲料不可缺少的玉米

将谷物当作饲料使用时，最重要的一点就是要提供足够的热量以供家畜快速成长。虽然玉米所含的氨基酸在营养构成上存在若干问题，但玉米的热量很高，就连干燥的玉米粒每 100 克也能提供 350 千卡的热量。不仅如此，玉米作为饲料用作物备受青睐的原因之一便是单位面积的收获量在所有饲料用谷物中是最高的，而且价格实惠。综合以上因素来看，玉米是最好的饲料用谷物，人们找不出能代替玉米的更好的谷物了。

诚如前文所述，从营养层面来看，玉米所含的蛋白质品质不高，仅向家畜投喂玉米的话，家畜也无法健康成长。在现代，许多混合饲料都会结合家畜的种类以及家畜的成长期需求，根据肉牛用、奶牛用、采卵用或肉鸡用等不同的饲育目的，混合玉米、高粱等谷物，以及榨完油的大豆粕、鱼粉、麦糠、啤酒渣等蛋白质来源，以此制成营养均衡的混合饲料。

综观所有混合饲料的原料成分，用得最多的还是玉米。玉米占混合饲料的比例高达 50%；使用比例第二高的是大豆粕，约占 13%；在此之后便是高粱，约占 5%。其实，不仅在日本，也包括美国，全球许多国家的近代肉食产业都构建在玉米的基础之上。

家畜的体重每增加 1 千克所必需的谷物饲料的量分别为：牛，7～8 千克；猪，4～5 千克；肉鸡，2 千克。不论是牛肉、猪肉还是鸡肉，在现代社会食用肉类就意味着在不知不觉间消耗了好几倍数量的玉米。在日本进口的玉米中，用作饲料的约 1 260 万吨，也就是说，日本人每人每年所吃掉家畜或家禽提供的肉、奶或鸡蛋的量，相当于 100 千克的玉米。不过，普通人可能对 100 千克玉米没什么概念吧。通过平成二十一年（2009）的农林水产省发表的《食料需给表》可以了解到，每个日本人的稻米和小麦供给量分别为每年 58.5 千克和 31.8 千克，两个数据加起来刚好为 90.3 千克。换句话说，日本人每年通过牛、猪、鸡等提供的肉食等蛋白质，消费了与每天吃的主食相同分量的玉米。

<hr />

玉米的茎与叶也是重要的饲料

在现代畜产产业中，不仅可以使用玉米谷粒来当作饲料，玉米的茎、叶、穗轴等，甚至整株植物都能制成饲料，而且出现了专以制造饲料为目的而种植玉米的田地。这类田地里的玉米，人们通常会趁着其茎叶都还很绿、玉米谷粒还未成熟之前就收割，拿去当作家畜的饲料使用。这就是所谓的青贮玉米。日本于平成二十一年（2009）的青贮玉米耕种面积达到 92 300 公顷，比马铃薯的耕种面积 80 100 公顷还要多。

青贮玉米当中，有90% 会直接连同茎、叶、穗轴一起被切碎，放入一种叫青贮窖的仓库中，进行为期一个月的乳酸发酵。像这样，将青贮玉米、牧草等切碎后进行乳酸发酵的饲料被称作"青贮饲料（silage）"。由于饲料在青贮窖内进行过乳酸发酵，家畜不仅十分喜欢吃，发酵产生的乳酸也可以使饲料储存较长时间。另外，未放入青贮窖的剩下的10% 的青贮玉米会被切碎，直接作为饲料投喂给家畜。

禾本科植物的茎通常都与麦秆类似，呈中空状，但玉米的茎却长满了组织，有些玉米品种的生长高度比人的身高还高。玉米的茎与叶也能作饲料利用起来，从这一点来看，玉米的确是一种比水稻和麦类作物更实用的植物。青贮玉米的饲料中含有茎、叶、穗轴以及未成熟的种子，都被切得很碎，因此从同等面积的耕地上所能获取的热量是牧草类的两倍以上。玉米谷粒约占整株植物的一半分量，可以为家畜、家禽提供充足的热量，剩下的另一半则作为牛羊等反刍动物饲料中不可或缺的纤维质。热量与纤维质的比例均衡这一点是青贮玉米的一大特征，这也正是牧草类所不具备的。

在饲育牛、猪等家畜时，光是投喂混合饲料是不够的。

只给家畜喂食混合饲料的话，家畜的消化系统很容易发生异常，这时，适度添加富含纤维素的青贮玉米、干草、麦糠等是非常必要的。由此可见，青贮玉米的收获量高且富含纤维素，再加上家畜也喜欢吃，因此对畜产农家而言是非常重要的饲料。

由于欧洲气候寒冷，许多地区不适合种植以收获玉米谷粒为目的的玉米，但若是无需等玉米谷粒成熟即可收获的青贮玉米，那么可种植的区域就很广泛了。就算是适合收获玉米谷粒的地区，比起等待玉米谷粒成熟收获后再将其制成饲料，在成熟前将玉米放入青贮窖发酵，从总成本的角度上讲也会更有效率。

在维持现代畜肉产业规模的道路上，除了玉米谷粒以外，青贮玉米更是一种不可或缺的重要饲料。由于马铃薯的传入，欧洲彻底从吃盐渍肉的禁锢中解放出来，肉食社会才得以正式诞生，而玉米的存在使肉类供应充足，从而能够应对人口数量的攀升以及每个人对肉类消费量的增加的状况。不得不说，今天的肉食文化之所以得以维持，全是玉米的功劳。

终 章

哥伦布的光与影

新大陆原产植物带来的其他恩惠

任何事物和现象既存在着光鲜亮丽的正面，同时也存在着阴影覆盖的负面。哥伦布航海的成果当然也存在正负两面，本书主要着墨于正面，即其对现代社会的贡献。在本章节，会继续补充一些正面影响，同时也将介绍发现新大陆所存在的负面影响，力求全面地阐述哥伦布航海的功与罪。

1493 年，哥伦布一行人在结束第一次航海返回西班牙时，带回了玉米、辣椒、烟草这三种植物。在那以后，诚如本书第一章至第六章的内容所述，原产于新大陆的许多植物陆续被传入欧洲，并最终对欧洲的文明发展以及饮食文化带来了重大的影响。除了本书介绍的六种植物以外，还有红薯、南瓜、番茄、扁豆、花生、菠萝等许多来自新大陆的植物，它们既丰富了我们现代人的餐桌，也满足了现代人的味蕾。

除了食物之外，我们不要忘了金鸡纳树也是原产于新大陆的植物。欧洲人开发热带地区时，疟疾成为他们重大的障碍，而金鸡纳霜作为治疗疟疾的特效药，是以安第斯山脉中生长的金鸡纳树的树皮为原料制成的。要是没有金鸡纳霜的存在，那么踏足热带地区的欧洲人将对疟疾束手无策，要么全军覆没，要么只能选择全面撤退，那样的话热带地区的开发甚至于后来的殖民地化都将变成不可能的事，那么北纬

20 度至南纬 20 度间的热带地区的开发就会迟迟不能推进，最后发展出的文明社会将会和现在完全不同。欧洲人能够顺利进行热带地区的开发，不得不说是金鸡纳树的功劳。

20 世纪 40 年代后，为了对抗以疟蚊为媒介传播的疟疾，两项具有划时代性意义的新武器正式登场。一个是以氯喹为主的治疗疟疾的合成药，据说氯喹的治疗效果是金鸡纳霜的数十倍。另一个是被称为史上最强杀虫剂的 DDT 开始量产，对消灭疟蚊有极好的效果。过去，在疟疾肆虐的地区，每年约有 80 万人因疟疾而死，而自从这两种药剂诞生以后，死于疟疾的人数迅速减少。就这样，新时代药品正式接过了金鸡纳树曾经的重任。

但遗憾的是，具有耐药性的疟蚊陆续出现，再加上非洲的贫困等问题火上浇油，暂时受到控制的疟疾死亡人数又开始出现攀升的趋势，这也成为阻碍亚洲、非洲大多数地区发展的重要因素之一。

新大陆变身为粮食供应基地

随着移居新大陆的人们生活逐渐稳定，人们也将许多欧洲的动植物带往了新大陆。小麦、甘蔗、大豆、橙子、棉花等农作物，牛、马、猪等家畜被带往新大陆，人们尝试着在新大陆重现包括畜牧业在内的欧洲农业。由于新大陆的气候风土十分适宜，移民们皆按计划迎来了丰收。在短时间内，新大陆逐渐演变为可以大量产出农作物和家畜的富饶之地。

根据 FAO 关于主要农畜产物的统计数据显示，2008 年度新大陆主要农畜产物的出口量占全球出口量的比例如下：小麦 44%，玉米 76.4%，大米 17.8%，大豆 97%，牛肉 40%，猪肉 34.7%。由此可见，新大陆对满足全球粮食需求作出了巨大贡献，成为世界上最重要的粮食供给基地，维持着包括日本在内的众多国家的人民的生活。因此，从粮食供给这个角度来看，原产于新大陆的植物为欧洲带去重大影响的同时，从欧洲传入新大陆的动植物对新大陆造成了更为深远的影响。

尽管新大陆成为世界的粮食供应基地，但从居民的立场出发，受其恩惠生活变得富足的既得利益者仅仅是欧洲移民及其子孙而已，原住民们没有得到任何好处。原住民们被这些欧洲移民所驱逐，使他们不得不离开适合开垦农业、饲育家畜以及可能藏有丰富地下资源的土地。受到往年好莱坞电影的影响，被称作印第安人的原住民被塑造成妨碍白人开垦西部的野蛮原始人形象，然而事实却是原住民们原本过着和平安宁的生活，白人却倚仗马匹与铁制武器的力量，无端地夺走了原住民的居住之地，使其失去家园。原住民们用尽全力抵抗抢夺土地的白人也未能成功。为了生存，他们只能被迫居住在白人政府划定的居留地上，前往不适宜粮食生产的干燥的西部地区以及北极圈等地勉强维持生计，除此之外别无他法。

综上所述，尽管哥伦布开拓了新旧大陆间的交流之路，但欧洲人却独占了所有好处，对原住民造成了巨大的民族伤害。

原住民的人口急剧减少

纵观世界史，人口变动最为激烈的地区便是在新旧大陆间的交流开始以后的新大陆。

既是文学家，同时也是人类学家的山内昶在其著作《食之历史人类学》中谈及数个原住民人口骤减的例子。文中提到，"墨西哥人口在 1519 年为 2 500 万人，到了 1605 年减少至 107.5 万人""安第斯山脉地区在 1530 年约有 1 000 万人，60 年后的 1590 年骤降至 130 万～150 万人""从整体上看，1500 年新大陆的居住人口约为 8 000 万人，到了 16 世纪中叶，人口仅剩下 1 000 万人"，等等。在半个世纪内，新大陆的人口减少率竟高达 87.5%。

根据其他研究数据显示，包括加拿大在内的美国以北的地区，我们可以推断，在过去少则有 1 000 万、多则 1 800 万人的原住民定居于此（引自《了解美国历史的 60 章》），但在哥伦布来到美洲大陆的 400 年后，即 19 世纪末，美国只剩下 25 万人的原住民了。在那之后，美国政府采取了保护性措施，原住民的人口开始逐渐回升，现在原住民的人数超过 200 万人且还在慢慢增加。

导致原住民人口急剧减少的原因主要有三个：一个是欧洲人，尤其是西班牙人在征服新大陆的过程中对原住民进行的大规模虐杀；一个是原住民因奴隶化与强制劳动导致的过劳死；最后一个是从欧洲传播至新大陆的天花以及流感病毒导致的疾病死亡。这些原因有时是单独爆发，有时则同时发生，使得原住民们不时面临民族灭亡的危机，在此过程中，甚至还有不少部落遭到灭族。

侵略者对原住民的虐杀

在 16 世纪基督教文明社会的价值观念中，要承认一个人能独当一面，则必须满足"白人男性""成年人""基督徒"这三个条件。于是，即使是白人女性，也不会被认为是能独当一面的成年人，更不必说新大陆的原住民、异教徒、白人以外的民族，他们根本不被当成人来看待，侵略者将其视作是低于人类、更接近于动物的存在。

在《旧约·圣经·创世纪》中，有一段描写洪水消退之后，上帝祝福诺亚家族的内容。上帝说道："我把地球上的所有动物，包括地上的走兽、空中的飞鸟以及海中的游鱼都交付到你们手上，一切都服从你们的支配。凡是活着的动物，都可以成为你们的食物。"换言之，上帝的话语意味着人类的地位在动物之上，人类与动物之间界限分明，并赋予人类通过猎杀动物来延续自己生命的权利。对到达新大陆的白人男性基督徒而言，"一切都服从你们的支配"这一章节使他们相信，上帝赋予了他们对被视作低人一等的原住民生杀予夺的权利。

来自西班牙的侵略者虐杀原住民的借口非常简单。他们要求原住民臣服于西班牙国王，并改变信仰成为基督徒。原住民当然无法对一个从未耳闻目睹的国王尽忠，也不可能改变自己的信仰转而去相信一个根本没听说过的上帝，原住民们甚至听不懂西班牙语，无法表达自己的意见。由于语言不通，西班牙人便将原住民们的沉默以对视作拒绝了他们的要求。在这时，西班牙人更加坚信自己杀害原住民的正当性。

面对西班牙侵略者非人道的行为，致力于原住民救济的神职人员拉斯·卡萨斯神父根据献给西班牙国王卡尔洛斯五世的报告书，写下了《西印度毁灭述略》。其中详细描写了侵略者不仅完全丧失了对上帝和国王的敬畏之心，还道出了他们失去理智展开残忍的掠夺与杀戮的行为：

> 西班牙人，（中略）遇到这群顺从的绵羊后，立即化身为

仿佛好几日没进食的狼、虎、狮子一般，向羊群扑去。在过去的 40 年间，直到今日，西班牙人仍然施展着各种前所未见、闻所未闻的新式残虐手段一个劲地折磨印第安人，虐待、拷问、杀害他们，将他们逼向绝路。

另外，在这份报告的另一章节中，讲述了侵略者对原住民超出想象的大规模杀戮：

> 1518 年 4 月 18 日，自从西班牙人侵占新西班牙（Nueva España）后，直到 1530 年的 12 年间，西班牙人一直在墨西哥的城市以及周边地区（中略）以血腥残忍的手段与武器不断进行杀戮和破坏。在新西班牙领土一带的人口，比托莱多、塞维利亚、巴利阿多利德、萨拉戈萨，再加上巴塞罗那的城市人口的总数还要多。（中略）在这 12 年间，西班牙人在方圆 450 里格（1 里格约为 5.6 千米）的领域内，不论男女老少，只要看到印第安人，就用短刀或枪刺杀，甚至将其活活烧死，最终，他们至少虐杀了 450 万原住民。

西班牙军拿着铁制的剑和枪，身穿铠甲，并且还拥有作为机动力量的马匹。相较之下，原住民们的武器仅仅只有用石头和青铜制作的棍棒与手斧而已，他们能用以保护自己的防护道具也只有厚布块做的衣服。在装备上明显呈现劣势的原住民为了和侵略者对抗，只能依靠人海战术，别无他法。一眼看去，双方的优劣胜负在战前其实就已分出高下，原住民根本无法抵抗西班牙人的虐杀行为。

强制劳动导致过劳死

哥伦布在出海前曾熟读马可·波罗的《东方见闻录》，里面提到"黄金无穷无尽，但被国王禁止出口"，以及"宫殿的屋顶皆由黄金铸造，宫殿的道路和房间的地板都铺有 4 厘米厚的纯黄金"等，将日本描绘得如同黄金的宝库一样。哥伦布航海的目的非常明确，一个是拿到日本的黄金，另一个则是避开伊斯兰教支配的地区，带回印度的香料。为了得到日本的黄金，在第二次航海以后，哥伦布将统治新大陆的据点置于伊斯帕尼奥拉岛。

哥伦布希望在伊斯帕尼奥拉岛上采集黄金，因此将从来没有劳动习惯的原住民们强制带往可能藏有黄金的矿山，逼迫他们进行辛苦的劳动。在此之前，原住民们一直依靠大自然对他们的眷顾，过着自给自足的平稳生活，完全无法适应如此高强度的劳动，也不具备挖掘黄金的体力，纷纷过劳而亡。因此，伊斯帕尼奥拉岛的居民人口持续减少。哥伦布刚来到这里时，岛上人口为 30 万人，到了 30 年后便只剩 16 000 人了。在 1541 年，拉斯·卡萨斯神父在向西班牙国王报告的《西印度毁灭述略》中提到，"现今仅剩 200 人幸存"。

居民人口减少的现象不只发生在伊斯帕尼奥拉岛。由于劳动力严重不足，为了补充劳动力，侵略者开始在加勒比海一带大规模地抓捕印第安人（原住民）。被抓的原住民们要么在前往新大陆的途中死亡，要么在矿山或农园被强制劳动时陆续死去。关于此，拉斯·卡萨斯神父在报告中写道："曾经岛上生活着 50 万人以上的居民，而如今一个人也没有了。"当加勒比海的各个岛屿变成无人区后，被认为适合在热带地区劳动的非洲人则通过奴隶贸易被带往新大陆，成为下一个受害者。

<hr/>

对病原菌没有免疫力的原住民

新大陆的原住民人口急剧下降的另一个原因是，欧洲人将天花、麻疹、流感等各种传染病的病原菌传播至新大陆，这也许才是导致人口下降的最大原因。这些疾病是在欧洲社会非常常见的疾病，欧洲人早已具备一定的免疫力和抗体，但是，对首次接触到这些病原菌的原住民而言，他们完全没有免疫力和抗体，在欧洲人开始拓展他们的生活圈之前，他们就因相互感染病原菌而被夺去了宝贵的生命。

在北美大陆繁荣发展的原住民文明当中，密西西比文明圈是较为先进发达的文明之一，然而也不幸成为欧洲病原菌的牺牲品：在欧洲移民到达密西西比河流域之前，便于 17 世纪后半叶从历史长河中消失了踪迹。正如这样的悲剧所示，即便在没有侵略者进行虐杀或强制劳动导致过劳死等灾难发生的地区，原住民们在病原菌面前也只能束手无策地倒下。

印加帝国被皮萨罗消灭的间接原因之一也是移居哥伦比亚的西班牙人传入了天花。由于天花的爆发，导致当时的印加皇帝以及他的继承者都相继死去，作为最后一任皇帝的阿塔瓦尔帕（Atahualpa）与其同父异母的哥哥瓦斯卡尔（Waskar）之间又展开了王位之争。印加帝国随之爆发内战，无法举国同心地对抗西班牙军。皮萨罗正是巧妙利用了这种内战的分裂状态，以极少的兵力征服了印加帝国。

在美洲大陆繁荣发展的另一大文明古国便是阿兹特克帝国，病原菌也是导致其国家灭亡的间接原因。尽管阿兹特克帝国在西班牙军攻打初期还能与之势均力敌，但之后国内爆发天花，有半数人马因病倒下，受到了毁灭性的打击。西班牙军虽人数不多但个个皆是强兵猛将，阿兹特克帝国自然逐渐失去了与其对抗的实力。

新大陆的反击——梅毒

新大陆受到欧洲传来的多种病原菌的侵袭，损失惨重。

为了反击，新大陆准备了一种更麻烦的病毒——梅毒。关于梅毒，学界有起源于欧洲和起源于美洲这两种说法，长期争论不休。2008年，美国埃默里大学的克里斯汀·哈珀（Kristin Harper）等学者的研究表明，梅毒起源于新大陆。

梅毒是由哥伦布一行人第一次航海时，从伊斯帕尼奥拉岛带回欧洲的，在他们回到西班牙的1493年，梅毒开始在巴塞罗那蔓延开来。1495年法国查尔斯八世在攻打意大利时，那不勒斯开始爆发梅毒疫情，并于数年之内在欧洲全境大规模流行。这个时代属于长年战乱的时代，同时也是史上卖春最为盛行的时代，这正好充分满足了梅毒爆发的必备条件。

在欧洲大为流行的梅毒顺应大航海时代的潮流发展，迅速向东方传播。梅毒随瓦斯科·达·伽马的舰队于15世纪末期传入印度，于16世纪初传入中国广东。在哥伦布结束最初的航海返回西班牙后，仅20年时间，也就是在1512年时，三条西实隆的《再昌草》中写道："四月二十四日，道坚法师罹患唐疮（指梅毒），云云。"这也是日本关于梅毒最早的记述。在那个交通还不够发达的时代，梅毒只花了20年时间就环游了地球一周。火绳枪于1543年传入日本，欧洲人也是在这一年第一次踏上日本的土地，可见梅毒传播的速度之快，迅速蔓延全球。

在古代日本，梅毒被称为"唐疮"或"琉球疮"，推测是从中国或者冲绳传入日本的。从室町时代末期至战国时代的动乱期，梅毒深度渗透日本社会。因《解体新书》闻名的杉田玄白在其回想录《形影夜话》（1802）中写道："每年患病的1 000人中，有700～800人为梅毒患者。"在还没有特效药青霉素等抗生素的时代，医学界对梅毒没有任何治疗的方法，德川家康的第二个儿子结城秀康，还有加藤清正、前田利家等名人也是因梅毒而死。进入明治时代以后，梅毒的传播势头也并未减弱，直到第二次世界大战以后，梅毒的传播才逐渐平息。

梅毒跨越了国界，跨越了时代，蔓延全球，使千千万万的患者苦不堪言，也算是因欧洲人的侵略而饱受痛苦的新大陆，通过梅毒对欧洲进行的小小还击吧。

对哥伦布的谢辞

第二次世界大战结束后不久，日本人的主食是大米、小麦以及薯类，副食主要是蔬菜，偶尔能吃到海鲜类，不过那算是相当豪华的大餐了。后来代替米饭被端上桌的是清蒸的马铃薯，政府配给的玉米粉也成为日本人的主食，其实生活中处处都与哥伦布存在着小小的交集。直到"已不是战后"的标语登场的昭和三十一年（1956），日本人通过电影和杂志接触到美国与欧洲的生活，并心生向往。

　　乘坐敞篷汽车在日内瓦湖湖畔奔驰的伊丽莎白·泰勒（Elizabeth Taylor）；咬着 10 厘米厚的三明治的美国人气漫画 *Blondie* 的主人公之一戴格伍德（Dagwood）；坐上宽敞舒适的沙发，一手拿着白兰地一手拿着雪茄的金发绅士们……这些人物和形象对当时的日本来说，完全是另一个世界的光景，而这些所谓的"欧美生活"的基础正是源自哥伦布撒下的种子。

　　从昭和三十六年（1961）起的十年间，为了让日本的国民生产总值（GNP）增长两倍而实施的所得倍增计划的进度提前，大幅减短了达成预定目标的时间，日本迅速进入了所谓的经济高度成长期。从此，电视机（黑白）、冰箱、洗衣机，也就是被称为三大神器的家电制品，成为每个家庭中象征着新型生活形态和消费行为的物品开始普及。随着这三大神器逐渐进入各个家庭，曾经如同高岭之花的"欧美生活"，如今已变得近在咫尺，哥伦布的成果深深融入每个日本人的生活。

　　除此之外，不仅仅是在日本，哥伦布撒下的种子扩散至全世界，他的成果演变为各种各样的形式，为现代社会带去影响。我们不可否认，原产于新大陆的植物极大地改善了人们的饮食文化乃至人类文明，使得人们的生活更加便捷舒适。

后记

笔者深入学习了饮食文化的历史，对日本肉食历史的兴趣最为浓厚。

天武四年（675），天武天皇受佛教影响，颁布了《杀生禁断令》，此后，肉食便从日本饮食文化的历史中消失了一千多年，直到明治维新之后才又迅速浮出水面。

日本面对欧美诸国开国以来，必须一边维持独立，一边和诸列强齐头并进。因此，除了要与诸列强建交，吸纳他国优秀的近代文明，使日本富国强兵之外，还要早日与欧美文明同步，实现共同文明，也就是达到文明开化的理想境界。为此，日本政府于明治五年（1872）1 月 14 日，公布了明治天皇开始食用肉类的消息。

至此，从日本社会消失踪影的肉食以天皇之名正式解禁，日本政府也希望国民能效仿天皇，开始吃肉。

明治二十四年（1891），在接受征兵体检的 32 万名 20 岁男性中，有 80% 的男性身高为五尺一寸（约 155 厘米），是占比最高的人群。女性的平均身高数据则还要再低 10 厘米。在这样的现实面前，常常与欧美人打交道的日本政府相关人员达成了共识："吃肉使欧美人变得聪明，使科学技术变得发达，而且吃肉让他们拥有健康的体格，从而称霸世界。"在明治维新后很长一段时间内，日本人都将欧美以肉食为主的饮食习惯作为范本，开始在日常饮食中吃肉。

但是，纵观欧洲的饮食文化史我们可以发现，能吃到从质和量两方面都得到保证的肉食是进入 19 世纪后的事情，明治新政府将其定位为目标追捧的欧美肉食，其实也是一种才诞生不久的饮食形态。

此外，使得这种新兴起的肉食文化能够深入欧洲并蓬勃发展的决定性因素其实还是原产于新大陆的马铃薯与玉米。笔者不禁对包括马铃薯、玉米在内的原产于新大陆的植物充满兴趣，想要深入探究其传播历史，以及对现代社会的影响，遂搁管完成本书。

在撰写过程中，笔者一直担心："命题如此宽泛，本人的知识储备及写作能力是否能很好地驾驭？"值得庆幸的是，在笔者之前，已有众多先辈博览群书后，将众多文献的精髓整理出版。另有饱学之士将艰深晦涩的古文典籍逐一解析，留下了无可取代的珍贵资料，令笔者受益匪浅。

尽管有许多文献可供参考，还是要特别感谢于执笔之际给予笔者协助与支持的各界人士。包括提供橡胶与轮胎相关资料的山田耕二先生（丰田博物馆学艺集团）、鹿田博史先生（Bridge Stone 公司客户经理）；提供烟草相关资料的岩崎均史先生（烟草与盐博物馆学艺部）；提供玉米相关资料的中村厚先生（日本制粉前专务董事），他也是笔者中学时代的朋友；提供巧克力与人体健康相关资料的蜂屋严先生（明治制果前食料综合研究所所长）等人，笔者谨向各位表示衷心的感谢。由于个人能力有限，书中难免有疏漏以及对史实理解上的不足之处，还请各位读者多多指教。

除了上述的几位友人以外，还有许多在执笔过程中给予笔者启发与鼓励的朋友，本人谨以本书的出版来表达对各位的感谢。

2011 年 7 月

酒井伸雄

参考文献

A・サトクリフ、A・P・D・サトクリフ 『エピソード科学史 Ⅲ/Ⅳ』（市場泰男訳） 現代教養文庫 一九七二年

青木康征 『コロンブス——大航海時代の起業家』 中公新書 一九八九年

安達巖 『日本の食物史——大陸食物文化伝来のあとを追って』 同文書院 一九七六年

石毛直道 『食生活を探検する』 文藝春秋 一九六九年

石毛直道 『食卓の文化誌』 文藝春秋 一九七六年

石毛直道 『食の文化地理——舌のフィールドワーク』 朝日選書 一九九五年

内林政夫 『ことばで探る食の文化誌』 八坂書房 一九九九年

梅棹忠夫ほか 『食事の文化——世界の民族』 朝日新聞社 一九八〇年

大山莞爾ほか責任編集 『世界を制覇した植物たち——神が与えたスーパーファミリーソラナム 学会出版センター 一九九七年

大野重和 『和風たべもの事典——来し方ゆく末』 農山漁村文化協会 一九九二年

クリストーバル・コロン 『コロンブス航海誌』（林屋永吉訳） 岩波文庫 一九七七年

加藤秀俊 『食の社会学』 文藝春秋 一九七八年

酒井伸雄 『日本人のひるめし』 中公新書 二〇〇一年

鯖田豊之 『肉食文化と米食文化——過剰栄養の時代』 講談社 一九七九年

猿谷要 『物語アメリカの歴史——超大国の行方』 中公新書 一九九一年

ジャレド・ダイアモンド 『銃・病原菌・鉄——一万三〇〇〇年にわたる人類史の謎 上/下』（倉骨彰訳） 草思社 二〇〇〇年

週刊朝日百科　『世界の食べもの』　朝日新聞社　一九八〇～八三年

シルビア・ジョンソン　『世界を変えた野菜読本──トマト、ジャガイモ、トウモロコシ、トウガラシ』　（金原瑞人訳）　晶文社
一九九九年

田村真八郎　『食生活革命──西欧型から新しい日本型へ』　風濤社　一九七五年

中丸　明　『海の世界史』　講談社現代新書　一九九九年

服部幸應　『コロンブスの贈り物』　PHP研究所　一九九九年

ハーバード・G・ベーカー　『植物と文明』　（坂本寧男、福田一郎訳）　東京大学出版会　一九七五年

人見必大　『本朝食鑑』　（島田勇雄訳注）　東洋文庫　一九七六～七七年

アルコ・ポーロ　『東方見聞録』　（青木富太郎訳）　現代教養文庫　一九六九年

南　直人　『ヨーロッパの舌はどう変わったか──十九世紀食卓革命』　講談社選書メチエ　一九九八年

山本直文　『西洋食事史』　三洋出版貿易　一九七七年

富田虎男、鵜月裕典、佐藤円編著　『アメリカの歴史を知るための60章』　明石書店　二〇〇〇年

吉田菊次郎　『西洋菓子彷徨始末──洋菓子の日本史』　朝文社　一九九四年

吉田菊次郎　『洋菓子はじめて物語』　平凡社新書　二〇〇一年

ラス・カサス　『インディアスの破壊についての簡潔な報告』　（染田秀藤訳）　岩波文庫　一九七六年

第一章

浅間和夫　『ジャガイモ43話』　北海道新聞社　一九七八年

飯塚信雄　『フリードリヒ大王──啓蒙君主のペンと剣』　中公新書　一九九三年

伊東章治　『ジャガイモの世界史──歴史を動かした「貧者のパン」』　中公新書　二〇〇八年

NHK取材班　『人間は何を食べてきたか──「食」のルーツ5万キロの旅』　日本放送出版協会　一九八五年

高野潤　『アンデス食の旅──高度差5000mの恵みを味わう』　平凡社新書　二〇〇〇年

南直人　『ヨーロッパの舌はどう変わったか──十九世紀食卓革命』　前掲

春山行夫　『食卓のフォークロア』　柴田書店　一九七五年

第二章

荒井久治　『自動車の発展史──ルーツから現代まで　下』　山海堂　一九九五年

御堀直嗣　『タイヤの科学──走りを支える技術の秘密』　ブルーバックス　一九九二年

小林卓二　『車輪のはなし』　さ・え・ら書房　一九六八年

小松公栄　『ゴムのおはなし』　日本規格協会　一九九三年

酒井秀男　『走りをささえるタイヤの秘密』　裳華房　二〇〇〇年

須之部淑男　『ゴムのはなし』　さ・え・ら書房　一九八四年

ドラゴスラフ・アンドリッチ著、ブランコ・ガブリッチ構成　『自転車の歴史──200年の歩み　誕生から未来車へ』（古市昭代訳）　ベースボールマガジン社　一九九二年

馬庭孝司　『タイヤ──自動車用タイヤの知識と特性』　山海堂　一九七九年

渡邉徹郎　『タイヤのおはなし』　日本規格協会　一九九四年

A・サトクリッフ、A・P・D・サトクリッフ　『エピソード科学史　IV』　前掲

第三章

板倉弘重　『最新の医学が解き明かすチョコレートの凄い効能』　かんき出版　一九九八年

加藤由基雄、八杉佳穂　『チョコレートの博物誌』　小学館　一九九六年

久米邦武編　『特命全権大使　米欧回覧実記』　（田中彰校注）　岩波文庫一九七七～八二年

クリストーバル・コロン　『コロンブス航海誌』前掲

ソフィー・D・コウ、マイケル・D・コウ　『チョコレートの歴史』　（樋口幸子訳）　河出書房新社　一九九九年

ティタイム・ブックス編集部編　『チョコレートの本』　晶文社　一九九八年

明治製菓広報部編　『食文化と栄養』　明治製菓広報部　一九九四年

明治製菓編　『お菓子読本』　明治製菓　一九七七年

森永製菓編　『チョコレート百科（ミニ博物館）』　東洋経済新報社　一九八五年

第四章

安達　巌　『日本の食物史』　前掲

アマール・ナージ　『トウガラシの文化誌』　（林真理、奥田祐子、山本紀夫訳）　晶文社　一九九七年

家永泰光、盧宇炯　『キムチ文化と風土』　古今書院　一九八七年

井上宏生　『日本人はカレーライスがなぜ好きなのか』　平凡社新書　二〇〇〇年

岩井和夫、渡辺達夫編　『トウガラシ――辛味の科学』　幸書房　二〇〇〇年

クリストーバル・コロン　『コロンブス航海誌』　前掲

シルビア・ジョンソン　『世界を変えた野菜読本』　前掲

張　競　『中華料理の文化史』　ちくま新書　一九九七年

鄭　大聲　『食文化の中の日本と朝鮮』　講談社現代新書　一九九二年

鄭　大聲　『朝鮮の食べもの』　築地書館　一九八四年

寺島良安　『和漢三才図会　6』（島田勇雄、樋口元巳、竹島淳夫訳注）　東洋文庫　一九八七年

フレデリック・ローゼンガーテンjr.　『スパイスの本』（斎藤浩訳・監修）　柴田書店　一九七六年

山崎峯次郎　『スパイス・ロード──香辛料の冒険者たち』　講談社　一九七五年

山崎峯次郎　『香辛料　4』　エスビー食品　一九七八年

リュシアン・ギュイヨ　『香辛料の世界史』（池崎一郎ほか訳）　文庫クセジュ　一九八七年

第五章

上野堅實　『タバコの歴史』　大修館書店　一九九八年

宇賀田為吉　『世界喫煙史』　専売弘済会　一九八四年

宇賀田為吉　『タバコの歴史』　岩波新書　一九七三年

クリストーバル・コロン　『コロンブス航海誌』　前掲

コネスール編著　『たばこの「謎」を解く』　河出書房新社　二〇〇二年

J・E・ブルックス　『マイティ・リーフ──世界たばこ史物語』（たばこ総合研究センター訳）　山愛書院　二〇〇一年

ジョーダン・グッドマン　『タバコの世界史』（和田光弘ほか訳）　平凡社　一九九六年

第六章

祥伝社新書編集部　『グレート・スモーカー』　祥伝社新書　二〇〇六年

日本嗜好品アカデミー編　『煙草おもしろ意外史』　文春新書　二〇〇二年

日本専売公社　『たばこ古文献』　日本専売公社　一九六七年

村上征一　『たばこ屋さんが書いたたばこの本』　三水社　一九八九年

ラス・カサス　『インディアス史　1～7』（長南実訳・石原保徳編）　岩波文庫　二〇〇九年

江藤隆司　『トウモロコシャから読む世界経済』　光文社新書　二〇〇二年

川北　稔　『砂糖の世界史』　岩波ジュニア新書　一九九六年

菊池一徳　『トウモロコシの生産と利用』　光琳　一九八七年

菊池一徳　『コーン製品の知識』　幸書房　一九九三年

クリストーバル・コロン　『コロンブス航海誌』　前掲

草川　俊　『雑穀博物館』　日本経済評論社　一九八四年

ジョージ・E・イングレット　『とうもろこし――栽培・加工・製品』（杉山産業化学研究所訳）　杉山産業化学研究所　一九七六年

舟田詠子　『パンの文化史』　朝日選書　一九九八年

終章

富田ほか　『アメリカの歴史を知るための60章』　前掲

マルコ・ポーロ 『東方見聞録』 前掲

山内昶 『「食」の歴史人類学——比較文化論の地平』 人文書院 一九九四年

ラス・カサス 『インディアスの破壊についての簡潔な報告』 前掲

图书在版编目（ＣＩＰ）数据

改变近代文明的六种植物 ／（日）酒井伸雄著；张蕊译. －－ 重庆：重庆大学出版社，2018.10（2020.5重印）
ISBN 978-7-5624-7741-9

Ⅰ. ①改… Ⅱ. ①酒… ②张… Ⅲ. ①植物—文化史—世界—近代 Ⅳ. ①Q94-05

中国版本图书馆CIP数据核字（2018）第235268号

改变近代文明的六种植物

GAIBIAN JINDAI WENMING DE LIU ZHONG ZHIWU

[日] 酒井伸雄 著

张 蕊 译

责任编辑：温亚男　　版式设计：黄　浩
责任校对：刘　刚　　责任印制：赵　晟

重庆大学出版社出版发行
出版人：饶帮华
社址：重庆市沙坪坝区大学城西路21号
邮编：401331
电话：（023）88617190　88617185（中小学）
传真：（023）88617186　88617166
网址：http://www.cqup.com.cn
邮箱：fxk@cqup.com.cn（营销中心）
全国新华书店经销
天津图文方嘉印刷有限公司印刷

开本：890mm×1240mm　1/32　印张：8.375　字数：155千
2019年3月第1版　2020年5月第2次印刷
ISBN 978-7-5624-7741-9　定价：59.00元

版贸核渝字（2017）第 270 号